前 言

艺术与建筑空间意识的结合，形成了园林。建筑被歌德比作音乐，园林则不仅是一个由各种要素组织起来的乐章，更是一部诗篇。这部诗篇内注入了人类文明发展历程中的所有精华，包括技术上的、艺术上的和人文思想上的。它既像服装一样具有时尚性和不断求新求变的流行元素，又具有其内在的与大自然同工同运的不变本质，它伴随着的是技术创新、思潮叠替、人文偏重的不断变化的复杂发展轨迹。

随着我国社会、经济发展的不断深入，综合实力的不断增强，“园林”越来越显示出其在城乡建设中的重要性。它不仅为城市居民提供了文化休息以及其他活动的场所，也为人们了解社会、认识自然、享受现代科学技术带来了种种方便。同时在美化城市面貌、平衡城市生态环境、调节气候、净化空气等诸多方面均有着积极的作用。

创作一个好的园林作品需要一个漫长的综合过程。在这个过程中，园林设计是整个过程体系中的基础，也是最重要的一环。设计于前，决定成败。

本书以中国园林设计为主要研究对象，内容包括园林的基本理论、中国园林艺术的发展、中国园林的创作设计、中国园林艺术的设计风格、园林艺术设计的形式美与构景、园林艺术的表现技法、园林设计的步骤与专业素养等。

本书图文并茂，系统性强，并结合实际案例讲述，在内容撰写上注重知识、能力和素质的全面发展。在结构体系、语言文字等方面进行求新、求实、求活的探索，力求引导学习者主动思考，深入理解和把握园林设计的相关内容。本书对于高等院校园林、风景园林及相关专业的学习者，从事园林规划设计、环境艺术设计、城市规划、旅游规划等相关专业人员都具有一定参考和借鉴作用。

本书在撰写过程中，借鉴和参考了部分学者的理论成果，在此对参考书目的作者表示衷心的感谢！由于园林的内涵和实践范畴十分庞大、复杂，目前，国内对学科体系还没有完全达成共识，加之作者水平所限，难免存在疏漏与不足，对此真诚欢迎各位专家、同仁提出宝贵意见，以便日后进一步完善。

作　者

2014 年 5 月

目　录

第一章　绪　论

园林作为补偿人与自然相对隔离而人为创设的“第二自然”，它并不能提供人类维持生命活力的物质，但在一定程度上能够代替自然环境来满足人的生理与心理方面的需求。随着社会的不断发展、文明的不断进步，人的这些需求势必相应地从单一到多样、从简单到繁复、从低级到高级，这就形成了园林发展的最基本的推动力量。它可大致分为四个阶段，其中中国园林有着不一样的自然和人文背景，以及不同于西方园林的特征。

第一节　园林发展的四个阶段

人类通过劳动作用于自然界，引起自然界的变化，同时也引起人与自然环境之间关系的变化。在人类社会的历史长河中，纵观过去和现在，展望未来，人与自然环境关系的变化大体上呈现为四个不同的阶段。相应地，园林的发展也大致可以分为四个阶段。这四个阶段之间虽然并不存在截然的“断裂”，但毕竟由于每个阶段人与自然环境的隔离状况并不完全一样，园林作为这种隔离的补偿而创设的“第二自然”，它们的内容、性质和范围当然也会有所不同。因此，有关于园林的定义、界说，也应结合不同的阶段来分别阐释，并以它所从属的那个阶段的政治、经济、文化背景作为评价的基点。这样就可避免以今人而求全于古人，或者以古代而拘泥于现代之弊。

一、第一阶段

人类社会的原始时期，主要以狩猎和采集来获取生活资料，使用的劳动工具十分简单。人对外部自然界的主动作用极其有限，几乎完全被动地依赖于大自然。由于完全不了解它因而满怀恐惧、畏敬的心情，把自然界的事物和现象都当作神灵的化身加以崇拜。人们日出而作、日落而息，生产力十分低下，生活水平只停留在生计上，经常遇到寒冷、饥饿、猛兽侵袭、疾病死亡等种种困难。为了度过这些困难,人们逐渐成群地生活在一起。聚群而居形成原始的聚落,但并没有隔绝于自然环境。

人,作为大自然生态的一部分而纳入其良性循环之中。换句话说,人对于大自然是经常处于感性适应的状态,人与自然环境之间呈现为亲和的关系。在这种情况下,当然没有必要也没有可能产生园林。直到后期进入原始农业的公社,聚落附近出现种植场地,房前屋后有了果木蔬圃。虽说出于生产的目的,但在客观上已多少接近园林的雏形,开始有了园林的初始状态。

二、第二阶段

古代亚洲、非洲和中美洲的一些地区首先发展了农业,人类随之而进入以农耕经济为主的文明社会。农业的产生是人类历史上的首次技术革命,农业文化的兴起使得人们能够按照自己的需要而利用和改造自然界,开发土地资源,利用太阳的热能进行农作物的栽培。种植和驯养的技术发达,早先的采集和狩猎已经不再占获取生活资料的主要地位。

这个阶段大体上相当于奴隶社会和封建社会的漫长时期,人们对自然界已经有所了解,能够自觉地加以开发:大量耕作农田,兴修水利灌溉工程,还开采矿山和砍伐森林。这些开发活动创造了农业文明所特有的"田园风光",同时也带来了对自然环境的一定程度的破坏。但毕竟限于当时低下的生产力和技术条件,这样的开发还处于局部的状态。从区域性的宏观范围看来,尚未引起严重的自然生态失衡,导致自然生态系统的恶性变异。即使有所变异,也是极其缓慢的。例如,我国的关中平原历经周、秦、汉、唐千余年的不断开发,直到唐末宋初才逐渐显露其生态恶性变异的后果,从而促成经济、政治中心东移。总的看来,在这个阶段上,人与自然环境之间已从感性的适应状态转变为理性的适应状态,但仍然保持着亲和的关系。

生产力进一步发展和生产关系的改变,产生了国家组织和阶级分化,出现了大小城市和镇集。居住在城市、镇集里面的统治阶级,为了补偿与大自然环境相对隔离的情况而经营各式园林。生产力的发达以及相应的物质、精神生活水平的提高,促成了造园活动的广泛开展,而植物栽培、建筑技术的进步则为大规模兴建园林提供了必要的条件。在这个阶段内,园林经历了由萌芽、成长而臻于兴旺的漫长过程,在发展中逐渐形成了丰富多彩的时代风格、民族风格、地方风格。而这许多不同风格的园林又都具有四个共同特点:(1)绝大多数是直接为统治阶级服务,或者归他们所私有;(2)主流是封闭的、内向型的;(3)以追求视觉的景观之美和精神的寄托为主要目的,并没有自觉地体现所谓社会、环境效益；(4)造园工作由工匠、文人和艺术家来完成。

据此，我们不妨为这一阶段的园林作如下的界说：在一定的地段范围内，利用、改造天然山水地貌，或者人为地开辟山水地貌，结合植物栽培、建筑布置，辅以禽鸟养畜，从而构成一个以追求视觉景观之美为主的赏心悦目、畅情舒怀的游憩、居住的环境。

文字是文明社会的标志，从有关园林的文字的字源上亦可略窥早期园林的一些情况。囿、圃这些中国园林最早雏形的字形由象形的甲骨文和钟鼎文演变而来，字形外围的方框表示范围一定地段的界限、藩篱或墙垣，方框以内则是栽培的植物或畜养的动物。西方的拼音文字如拉丁语系的Garden、Garten、Jardon等，源出于古希伯来文的Gen和Eden二字的结合，前者意为界墙、藩篱，后者即乐园，也就是《旧约·创世记》中所提到的充满花草树木的理想生活环境的“伊甸园”。

世界上许多古老民族的神话传说中以及主要宗教的经典中几乎都有关于“乐园”的描写，它们是文明人类在其幼年时期对于美好居住环境的憧憬和向往，也从一个侧面反映了先民们对园林的理解。

中国古代广为流传着“瑶池”和“悬圃”的神话，古籍中也有记载。相传瑶池在昆仑山上，为西王母所居。西王母早先的形象和居住条件并不太好，人们为了把她转化成能够赐福于人类的神祇，首先必须美化她的形象、改善她的居住环境。于是，就把一个美妙的园林“瑶池”虚构给她。据《穆天子传》[①]：西王母“所居宫阙，层城千里，玉楼十二。琼华之阙，光碧之堂，九层信室，紫翠丹房。左带瑶池，右环翠水。其山之下，弱水九重，非飙车羽轮不可到也。所谓玉阙暨天，绿台承霄，青琳之宇，朱紫之房，连琳彩帐，明月四朗。戴华胜，佩虎章。左侍仙女，右侍羽童。轩砌之下，植以白环之树，丹刚之林。空青万条，瑶翰千寻。无风而神籁自韵，琅然九奏八会之音也”。悬圃也在昆仑山，相传是黄帝在下界所建的宫城，即《穆天子传》中记述的“黄帝之宫”。里面除有华丽宫阙之外，还广植树木花卉，“春山之泽，水清出泉，温和元风，飞鸟百兽之所饮”。它的位置极其高峻，好像悬挂在半天中。

基督教的《圣经》里所记载的“伊甸园”，即古犹太民族对人间园林的理想化、典型化。《旧约·创世记》叙说了上帝创造人类的始祖亚当和夏娃，并专为他们兴建此园居住。园内流水潺潺，遍植奇花异树，景色十分旖旎。上帝告诫，园中的果子都可随便采食，惟独“知善恶树”上的果子不能食。亚

① 《穆天子传》共六卷，晋武帝太康二年(281年)有汲人名不准者盗发魏襄王墓，始得此书。书中记周穆王西巡狩之事，多为神话志怪一类的古代传说。

当、夏娃受蛇的引诱食了禁果，上帝遂将他们驱逐出园外并派天使把守道路，永不让后人重新寻见。

佛教的净土宗宣扬众生修成正果之后可往生西天的极乐世界，这个极乐世界也就是古印度人的理想乐园的扩大。净土宗的《阿弥陀经》对此有具体的描绘："极乐国土，七重栏楯，七重罗网，七重行树，皆是四宝周匝围绕，是故彼国名为极乐。又合利弗，极乐国土，有七宝池，八功德水充满其中，池底纯以金沙布地，四边阶道金、银、琉璃、玻璃合成。上有楼阁，亦以金、银、琉璃、玻璃、砗磲、赤珠、玛瑙而严饰之。池中莲花大如车轮，青色青光，黄色黄光，赤色赤光，白色白光，微妙香沽。昼夜六时，雨天曼陀罗华。"

伊斯兰教的《古兰经》中经常提到安拉为信徒们修造的"天园"的旖旎风光。天园的界墙内随处都是果树浓荫，四条小河流注其中：长久不浊的"水河"、滋味不变的"乳河"、味道醇美的"酒河"、清澈见底的"蜜河"。天园的设想显然是游牧的阿拉伯人从荒瘠的沙漠迁徙到肥沃的两河流域之后受到古波斯园林的影响，同时也反映了他们对沙漠绿洲的理想化的憧憬。这水、乳、酒、蜜四条河呈十字交叉、以喷泉为中心的布局，便成了后世伊斯兰园林的基本模式。

从上面列举的有关园林文字的字源以及古老神话传说、宗教经典中有关早期园林情况的描写看来，它所包含的内容、表现的形式大体上与我们为这个阶段的园林所作的界说是吻合的。

一座园林，可以多一些山水的成分，或者偏重于植物栽培、禽鸟饲养，或者建筑的密度较高，但在正常情况下总是土地、水体、植物和建筑此四者的综合。

土地包括平地、坡地、山地、谷地、丘陵、峰、峦、坞、坪等各种地形。水体包括河、湖、池、沼、涧、溪、泉、瀑等静态的和动态的各种水形。土地的各种地形之中，除平地之外均具有山的体量和形貌——山体，山体和水体便构成园林的骨架，也是园林的山水地貌基础。天然的山水需要加工、修饰、调整，人工开辟的山水要讲究造型，要解决许多工程问题。因此，"筑山"和"理水"就逐渐发展成为造园的专门技艺。植物栽培起源于生产的目的如蔬、果、药材等，后来随着园艺科学的发达才有了专门供观赏之用的树木和花卉。建筑包括房屋、桥梁、道路、小品以及各种工程设施，它们不仅在功能上必须满足人们的游赏、居住、交通和供应的需要，同时还以其特殊的形象而成为园林景观的点缀或组成部分。

山、水、植物、建筑乃是构成园林的四个基本要素[①]，筑山、理水、植物配置、建筑营造便相应地成为造园的四项主要工作，或者说是四个主要的手段。这四项工作都牵涉到一系列的工程，需要投入一定的人力、物力和资金。所以园林是一种物质财富，属于物质文明的范畴，它的建设必然要受到社会生产力和生产关系的制约。随着生产力的发展、科学技术的进步，园林的内容相应地由简单而复杂，由粗糙而精致。统治阶级把园林据为一己之私有，往往也就以它们作为夸耀各自的财富、显示各自的社会地位的物质手段。山、水、植物、建筑这四个要素经过人们有意识地构配而组合成为有机的整体，创造出丰富多彩的景观，给予人们以美的享受和情操的陶冶。就此意义而言，园林又是一种艺术创作，属于精神文明的范畴。世界上的各个地区、各个民族，历史上的各个时代，由于文化传统和社会条件的差异而形或各自的园林风格，有的则相应于成熟的文化体系而发展为独特的园林体系，例如西方的古罗马园林体系、文艺复兴园林体系、古典主义园林体系、英国园林体系、伊斯兰园林体系，东方的中国园林体系、日本园林体系等等。它们都是全人类文化遗产中弥足珍贵的部分，使得这个历史阶段内出现了园林艺术百花争妍、群星灿烂的局面。

这些受到各自母体文化哺育而成长起来的园林体系以及其他众多风格的园林，如果按照山、水、植物、建筑四者的构配方式来加以归纳，则无非两类基本形式：规整式园林和风景式园林。前者讲究规矩格律、对称均齐，具有明确的轴线和几何对位关系，甚至花草树木都加以修剪成型并纳入几何关系之中，着重在显示园林总体的人工图案美，表现一种为人所控制的有秩序的自然、理性的自然。后者的规划则完全自由灵活而不拘一格，着重在显示纯自然的天成之美，表现一种顺乎大自然风景构成规律的缩移和摹拟。前者的代表是法国古典主义园林，中国园林则为后者的典型。这两个截然相反的古典园林体系各有不同的创作主导思想，集中地反映了西方和东方在哲学、美学、思维方式和文化背景上的根本差异。

三、第三阶段

18 世纪中叶，蒸汽机和纺织机在英国广泛使用促成了工业革命。许多国家随着工业文明的崛起，陆续由农业社会过渡到工业社会。

工业文明的兴起带来了科学技术的巨大进步，大规模的机器生产方式

① 一般园林也有动物（如禽鸟鱼虫之类）的饲养，但它对园林景观所起的作用仅属小品的性质，不必单独列为一项基本要素。

为人们开发大自然提供了更有效的手段。人们创造了前所未有的丰富的物质财富,但这种无计划的、掠夺性的开发也造成了对自然环境的严重破坏。其结果,植被减少、水土流失、水体和空气污染、气候改变,导致宏观大范围内自然生态的失衡,自然生态系统的良性循环被打破,急剧向恶性循环转化。而相应地,大工业生产非常的集中,城市人口密集,大城市不断膨胀、居住环境恶化,这种情形到19世纪中叶以后在一些发达国家更为显著。

"人定胜天",人们理解大自然也逐步地在控制大自然,两者的理性适应状态更为深入、广泛。然而,人们对大自然的掠夺性索取过多必然要受到它的惩罚,两者从早先的亲和关系转变为对立的关系。有识之士已经预见到这种情况继续发展下去必然会带来的恶果,相继提出诸多改良的学说,其中就包括自然保护的对策和城市园林方面的探索。

F. L. 奥姆斯台德(Frederick Law Olmsted,1822—1903)是开创自然保护和现代城市公共园林的开创者之一。他首先把保护自然的理想付诸实现,并协助联邦政府划定一些原生生物区和特殊地景区永久加以保留作为"国家公园",禁止任意开发。1857年,他与建筑师C. 沃克斯(Calvert Vaux)合作,利用纽约市内大约348公顷的一块空地改造、规划成为市民公共游览、娱乐的用地,这就是世界上最早的城市公园之一——纽约"中央公园"。随后,由他主持又陆续设计建成费城的"斐蒙公园"、布鲁克林的"前景公园"、波士顿的公园林荫路系统"蓝宝石项链"等等。他把自己所从事的工作称之为景观规划设计(landscape architecture),以区别于传统的景观园艺(landscape gardening)。他在创作实践的同时还致力于人才的培养,其子小奥姆斯台德(F. L. Olmsted,Jr.)继承父业,1900年在哈佛大学创办景观规划设计专业,专门培养这方面的从业人员——现代型的职业造园师(landscape architect)。

奥姆斯台德所从事的工作包括两个主要内容:一是针对无计划的、掠夺性的开发自然资源以及自然资源逐渐被蚕食和破坏的情况,要求人们正确地认识它、爱惜它、关怀它。通过对土地利用的合理规划致力于自然资源的保护,对大地的自然景观作为人类生存环境的一部分而加强维护与管理。二是针对大城市恶劣的居住环境,提出补救的办法,即"把乡村带进城市",建立公共园林、开放性的空间和绿地系统。换言之,城市必须逐步地趋于园林化。

奥姆斯台德的城市园林化的思想逐渐为公众和政府所接受,于是,"公园"作为一种新兴的公共园林在欧美的大城市中普遍建成,并陆续出现街道、广场绿化,以及公共建筑、校园、住宅区的园林绿化等多种形式的公共园林。

英国学者 E. 霍华德(Ebenezer Howard,1850—1928),在他写的《明日之田园城市》一书中提出了著名的“田园城市”的设想:这是一个大约有 3 万居民的自足的社区,四周环以开阔的乡村“绿色地带”。霍华德认为这种形式的社区既可消除城市向郊外的无限蔓延,又能够像它的名字所表明的那样成为宜人的居住和工作环境。具体的花园城市虽然只有两处——Letchworth 和 Welwyn——在英国建成,但这种把城市引入乡村的乌托邦式的理想毕竟是未来的“园林中的城市”的起点,它与奥姆斯台德的实践活动共同形成了现代园林的概念。

为了改善城市的环境质量而兴造一系列的公共园林,相应地就需要花费大量的劳动力来进行管理和维护。能否寻求一种更经济有效的方式? 19 世纪末期兴起的研究人类、生物与自然环境之间的关系的一门科学——生态学为此提供了可能性。造园家开始探索运用生态学来指导大型园林的规划,用不同年龄、不同树种的丛植来进行公园的植物配置,形成一个类似自然群落、能够自我维护的结构。以后,又陆续出现运用生态学的原理设计城市绿化和城市防护林带的尝试,收到了一定的效果。这些初步尝试所取得的成就,又为现代园林的规划设计注入了新鲜血液。

较之上一阶段,这一阶段的园林在内容和性质上都有所发展、变化:首先,除了私人所有的园林之外,还出现由政府出资经营、属于政府所有的、向公众开放的公共园林;其次,园林的规划设计已经摆脱私有的局限性,从封闭的内向型转变为开放的外向型;第三,兴造园林不仅为了获致视觉景观之美和精神的陶冶,同时也着重在发挥其改善城市环境质量的生态作用——环境效益,以及为市民提供公共游憩和交往活动的场地——社会效益,最后,开始由现代型的职业造园师主持园林的规划设计工作。

现代园林之不同于前一阶段的古典园林,大体上也就表现在这四个方面。

四、第四阶段

二战后,世界园林的发展又出现新的趋势。大约从 20 世纪 60 年代开始,在先进的发达国家和地区,经济高速腾飞,进入了后工业时代或者说是信息时代。人们的物质生活和精神生活的水平比之前一阶段大为提高,有了足够的闲暇时间和经济条件来参与各种有利于身心健康、能促进身心再生的业余活动。其中,与接触大自然、回归大自然有着直接关系的休闲、旅游活动得到迅猛的发展。

同时,人类所面临着的诸如人口爆炸、城市膨胀、粮食短缺、能源枯竭、环境污染、贫富不均、生态失调等严峻问题，也促使人们更深刻地认识到过去对自然资源的掠夺性开发所导致的恶果，认识到开发、利用的程度超过了资源的恢复和再生能力所造成的无法弥补的损失。

自19世纪末期兴起的生态学发展至此已经建立了完整的生态系统和生态平衡的理论，而且逐渐向社会科学延伸。生态平衡也牵涉到社会经济问题、人类对自然界的物质资源的要求日益增长，而地球上的自然资源毕竟是有限的。因此，从长远观点考虑，必须有计划地予以开发，并注意它们的恢复、更新和再生，以达到永续利用的目的。维护宏观区域范围内的生态平衡，把过去所造成的恶性循环逐渐改善为良性循环。这就需要把社会经济的发展规律与自然生态规律协调起来，促成了经济学与生态学相结合，建立"可持续发展"的方略①。人与大自然的理性适应状态逐渐升华到一个更高的境界，并且从对立关系又逐渐回归为亲和的关系。

这些情况必然会反映在园林上，从而引起它的内容和性质的变化：

首先，私人所有的园林、城市公共园林、绿化开放空间以及各种户外娱乐交往场地不断扩大，城市的建筑设计由个体转向群体，更与园林绿化相结合而转化为环境设计，确立了城市生态系统的概念。"城市在园林中"已经由理想变为广泛的现实，在一些发达国家和地区出现相当数量的"园林城市"。

其次，园林绿化以改善城市环境质量、创造合理的城市生态系统为根本目的，充分发挥植物配置在产生氧气、防止大气污染和土壤被侵蚀、增强土壤肥力、涵养水源、为鸟类提供栖息场所以及减灾防灾等方面的积极作用，并在此基础上进行园林审美的构思。园林的规划设计广泛利用生态学、环境科学以及各种先进的技术，由城市延展到郊外，与城市外围营造的防护林

① "可持续发展"这一概念是20世纪80年代初由联合国提出来的。1980年3月5日，联合国大会向世界各国呼吁"必须研究自然的、社会的、生态的、经济的以及利用自然资源过程中的基本关系，确保全球的持续发展(可持续发展)。"当时，人们对这项呼吁尚不太理解，因而也未在世界范围内引起足够的重视。直到1987年，挪威首相布伦特兰夫人主持的世界环境与发展委员会(WCED)出版了《我们共同的未来》一书，并提出"可持续发展是满足当代人的需要而又不损害子孙后代满足其自身需要的能力的发展"这个著名的定义之后，才在许多国家的政府和公众中推动可持续发展的研究、宣传和运作实践。1992年7月，在里约热内卢召开的联合国环境与发展大会上通过了《21世纪议程》等重要文件，首次将可持续发展由理论概念推向具体行动。会后，中国政府就全面部署制定可持续发展的国家战略——《中国21世纪议程》。1994年国务院批准了这个《议程》，并以白皮书的形式公开发布，成为世界上第一部国家级最高规格的有关可持续发展方略的文件。

带、森林公园联系为一个有机的整体系统，甚至更向着广阔的国土范围延展，形成区域性的大地景观规划。同时，举凡农业、工业、矿山、交通、水利等自然开发工程都与园林绿化建设相结合，从而减少乃至消除它们对环境质量的负面影响，达到改善环境的目的。

最后，在实践工作中，城市的飞速发展改变了建筑和城市的时空观，建筑、城市规划、园林三者的关系已经密不可分地交错在了一起。因而园林学的领域大为开拓，成为一门涉及面极广的综合学科。园林艺术作为环境艺术的一个重要组成部分，它的创作不仅需要多学科、多专业的综合协作，公众亦作为创作的主体而参与部分的创作活动。因此，跨学科的综合性和公众的参与性便成了园林艺术创作的主要特点，并从而建立相应的方法学、技术学和价值观的体系。

展望这一阶段的前景，园林的内容将会更充实、范围将会更扩大。它向着宏观的人类所创造的各种人文环境全面延伸，同时又广泛地渗透到人们生活的各个领域。

第二节 中国园林发展的背景

人类进入文明社会以来，任何文化形态从它的产生、成长、兴盛、衰落、直到消亡的全部进程，都离不开它自然背景和人文背景的制约与影响。可以这样说，自然背景与人文背景的结合，乃是人类文化发展的广度和深度的载体；离开前者，无以言后者。园林作为一种文化形态，当然也不例外。

一、中国园林发展的自然背景

中国古典园林是古代世界的主要的园林体系之一，经过大约三千年持续不断的延绵发展，始终在欧亚大陆东南部、太平洋西岸的中国国土范围内进行着。也就是说，中国大地的广博与秀美，构成了中国古典园林历来发展的自然背景。

约占世界陆地总面积的十五分之一的广袤国土，自北而南跨越六个不同的气候带。它背倚大陆，面向海洋，既是大陆国家，也是海洋国家。漫长的海岸线北起鸭绿江口，南到北仑河口，沿海岸散布着6500余个岛屿，总面积约8万平方公里。国土地势所呈现的宏观总轮廓是西高东低，自西面东逐渐下降，形成巨大的阶梯状斜面。

中国多山，山地约占国土总面积的三分之二。山脉的总体排列和走向大致顺应于国土地势的宏观轮廓而分为五大系列:东西走向、南北走向、北东走向、北西走向、弧形走向,具有世界上山脉的岩石组织成分——岩性特征的全部类型:火成岩山体、水成岩山体、变质岩山体、杂岩山体。它们隆起于地壳表面的褶皱、断裂,再加上流水、风化、冰川的剥蚀作用,呈现为千姿百态、千奇百怪的山体形象,仿佛鬼斧神工的雕琢塑造。这些山系中的"高山"(海拔 3500 米以上)分布在青藏高原和西南、西北、东北的部分地区,"中山"(海拔 3500～1000 米)和"低山"(海拔 1000～5000 米)大多分布在华北、华南、东南地区,"丘陵"(海拔 500 米以下)主要分布在东部地区。除山地外,国土的其余三分之一为平原、高原和盆地。其中平原占地最广,比较大的有华北大平原、东北大平原、长江中下游平原、成都平原等。

中国多河、湖。大小河流总计 51600 余条,其中的外流河大多发源于西部高原地带,随国土地势的倾斜,向东、南分别注入太平洋和印度洋,在入海处形成三角洲。全国的大小湖泊 2800 余个,面积超过 1000 平方千米的大湖有 12 个。绝大多数湖泊为淡水湖,主要集中在长江中下游的平原地区①。

中国是世界上植物种属最多的国家,西方学者誉之为"园林之母"。据调查,全国植物共计 27150 种,隶 353 科,3184 属,其中 190 属为中国所独有;裸子植物占世界上所有 12 科中的 11 科,被子植物占世界总科数的一半,针叶树占世界总科数的三分之一。② 此外,还有许多珍贵的稀有树种和古老植物遗种。全国的植被分布情况,顺应于前述的宏观地势,又受到季风的影响,从东南到西北依次为森林、草原、荒漠三大植被地区。东部和南部的森林区约占国土面积的一半以上,蕴藏着大量的原始林和次生林。森林区内降水量充沛,从北到南随着热量的递增,植被的种属具有明显的纬度地带性即"纬向变化",依次形成五个林带。其在山地的植被还有另一个明显特征,即随着山岳海拔高度的上升而更替出现不同的植物类型,构成一山植被的不同的纵向分布——"垂直带谱"。

中国的气候普遍为大陆性但也兼具海洋性的特点,变化情况十分复杂,各地干、湿状态的差别极大。湿润区包括华中、华东以及华南、西南的一部分,年降水量都在 750 毫米以上;半湿润区包括华北平原、东北平原的大部分以及青藏高原的南部,年降水量在 400 毫米左右。这些地区的气候条件对植物生长、农业耕作极为有利,因而逐渐形成为农业经济繁荣的发达地区,也是自然生态最好、最适宜于开拓人居环境的地区。

---

① 刘君德,陈水文.新编中国地理.上海:上海人民出版社,1986

② 李文华,赵献英.中国的自然保护区.北京:商务印书馆,1984

以上所述,大抵就是中国古典园林持续发展的宏观自然背景。其中的自然生态最好的发达地区所呈现的平野景观、山岳景观、河湖景观、海岛景观、植物景观、天象景观等等,为兴造风景式园林之利用天然山水地貌或者人为地创设山水地貌,提供了优越的自然条件和极为多样的摹拟对象,无异于园林艺术的取之不尽的创作源泉。

二、中国园林发展的人文背景

由 56 个民族组成、以汉族为主体的中华民族大家庭,几千年来就繁衍生息在这片辽阔的土地上,在漫长的古代岁月中凝聚为一个繁荣昌盛的大帝国,屹立于世界的东方。这个大帝国在经济、政治、意识形态方面所取得的光辉成就彪炳史册,又交织为“人文背景”,不仅孕育了古典园林的产生,并且白始至终启导、制约着它的发展。

自公元前 3 世纪的秦代直到公元 19 世纪末的清代的封建社会时段,正值中国古典园林发展历史上的最辉煌的时期,同时也是其人文背景的影响比较凸显、典型的时期。

(一)经济背景

就经济方面而言,封建社会确立的地主小农经济体制,农业为立国之根本。农民从事农耕生产,是社会物质财富的主要创造者,地主通过土地买卖及其他手段大量占有农田,地主阶级知识分子掌握文化,一部分则成为文人。以此两者为主体的耕、读家族所构建的社区,以一家一户为生产单位的自给自足的分散经营,便成为封建帝国的社会基层结构的主体。中国的传统农业很早就实行精耕细作,积累了丰富的生产实践经验,历来的政府兴修水利、关注耕作技术、刊行农业文献。成熟的小农经济在古代世界居于先进地位,对中国古典园林的影响极为深刻,形成园林的封闭性和一家一户的分散性的经营。而精耕细作所表现的“田园风光”则广泛渗透于园林景观的创造,甚至衍生为造园风格中的主要意象和审美情趣。

(二)政治背景

政治方面:封建社会的中央集权的政治体制,政权集中于皇帝一身,“溥天之下莫非王土,率土之滨莫非王臣”,这种集权政治理念在皇家经营的园林中表现为弘大的规模以及风景式园林造景所透露出来的特殊、浓郁的“皇家气派”。皇帝通过庞大的官僚机构控制着整个国家并维持其大一统的局面。各级官僚机构的成员一般由地主阶级知识分子中察举、选考而来。[①]“学而优则仕”，文人与官僚合流的“士”居于“士、农、工、商”这样的民间社会等级序列的首位，他们具有很高的社会地位，且是国家政治上的一股主要力量。由于朝廷历来执行“重农抑商”的政策，商人虽有经济实力但社会地位不高，始终不能形成政治力量。“士”作为一个特殊阶层，以其成员的不同身份、不同职业面貌出现在社会上。他们之中的精英分子都是密切联系着当代政治、经济、文化、思想的动态，既用自己的知识服务于统治阶级，同时又超越这个范畴，以天下风教是非为己任，即所谓“家事、国事、天下事，事事关心”，表现一种理想主义的信念，扮演社会良心的角色。“士”是社会上雅文化的领军者，把高雅的气质赋予园林，士人们所经营的“文人园林”乃成为民间造园活动的主流，也是涵盖面最广泛的园林风格。它的精品具有典范的性质，往往引为园林艺术创作和评论的准则。但随着市民阶层的勃兴，市井的俗文化逐渐渗入民间造园活动，从而形成园林艺术的雅俗并列、互斥，进而合流融汇的情况，这在园林发展的后期尤为明显。

（三）意识形态

就意识形态方面而言，儒、道、释三家学说构成中国传统哲学的主流，也是中国传统文化的三个坚实的支柱。

1. 儒家学说

儒家学说以“仁”为根本、以“礼”为核心，倡导“君臣父子”的大义名分、“修齐治平”的政治理念和“入世”的人生观，是封建时代意识形态的正统，它的经典被统治阶级奉为治国安邦的教条。诸如此类的情况在中国古典风景式园林中均有所反映，表现为自然生态美与人文生态美之并重、风景式自由布局中含蕴着的一种井然的秩序感和浓郁的生活气氛。儒家的“君子比德”即美善合一的自然观和“人化自然”的哲理启发人们对大自然山水的尊重，导致古典园林在其生成之际便重视筑山和理水，从而奠定风景式发展方向的基础。而儒家的“中庸之道”与“和为贵”的思想，则更为直接地影响园林艺术创作，在造园诸要素之间始终维持不偏不倚的平衡，使得园林整体呈现一种和谐的状态。

---

① 汉代由政府考察、举荐人才担任政府官职，谓之“察举”。隋唐以后改为定期开科考试选拔人才，然后授以官职，谓之”科举”。

2. 道家学说

道家学说以自然天道观为主旨，政治上主张无为而治，提倡“绝圣弃智”“绝仁弃义”。这些，都与儒家形成对立。道家崇尚自然并发展为以自然美为核心的美学思想，即所谓“天地有大美而不言”。这种原始的美学思想与“返璞归真”“小国寡民”的憧憬相结合，铸就了士人们的宁静致远、淡泊自适、潇洒飘逸的心态特征。道家学说包含着朴素的辩证思想，强调阴与阳、虚与实、有与无的对立、统一关系，对宇宙间的宏观和微观空间的形成作出虚实相辅的辩证诠释。道教渊源于道家而成为中国的传统宗教，其教义的核心是“道”，宣扬神秘的修炼方术以求得长生不死、度世成仙，相应地创立祈祷、礼忏等一系列宗教仪轨。同时在其长期的发展过程中逐渐形成精湛的道教哲学，涌现许多渊博的道教学者。道教哲学祖述道家，在理论上提出“玄”的本体概念，“玄者自然之始祖而万殊之大宗也。”[①]还发挥了极富浪漫色彩的想象力，构建起一个人、神、仙、鬼交织的广大的道教世界。道家、道教对中国文化的影响极其深远、广泛，遍及于文学、艺术、科学、技术、道德、伦理、民情风俗等，形成历史上的儒、道互补的局面，乃是中国传统文化发展的一个极重要的推动力量。由此可见，它对中国古典园林的影响也十分巨大：举凡造园的立意、构思方面的浪漫情调和飘逸风格，园林规划通过筑山理水的辩证布局来体现山嵌水抱的关系；至于皇家经营的大型园林景观之讲求神仙境界的摹拟，以及种种的仙苑模式等等，则更是显而易见的。

儒家、道家倡导以根本的“道”来统摄宇宙间万事万物的“器”，影响及于传统的思维方式，形成思维之更注重综合观照和往复推衍。因而各种艺术门类之间可以突破界域、触类旁通，铸就了中国古典园林得以参悟于诗、画艺术，形成“诗情画意”的独特品质。

3. 释家学说

释即佛家，包括佛教和佛学。佛教产生于公元前6世纪的北印度，以众生平等的思想反对当时婆罗门教的“种姓制度”，教导信徒们遵照经、律、论三藏，修持戒、定、慧三学，以期生前斩除一切烦恼、死后解脱轮回之苦，宣扬一种重来生的“彼岸世界”、不重现世的“此岸世界”的消极出世的人生观。佛教大约在西汉末年（一说东汉初）传入中国内地，即“汉传佛教”，随着时间的推移而逐渐汉化，产生了具有汉文化特色的十余个宗派。它们对中国传统的哲学、文学艺术、民情风俗、伦理道德等都有影响，为中国传统文化注入

① 抱朴子内篇·畅玄.见中国道教协会：道教大辞典.北京：华夏出版社，1994

新鲜血液。在这诸多宗派之中,禅宗的汉化程度最深,影响也最大。禅宗主张一切众生皆有佛性,在修持方法上非常重视人的"悟性"。南宗禅更倡导"顿悟"之说,众生可不必经累世长年的修炼,只要能够开悟而直指本心,当下即可成佛。这就是说,作为思维方式,完全依靠直觉体验,通过自己的内心观照来把握一切,无需客观的理性,也不必遵循一般认识事物的推理和判断程序。因此,禅宗传教往往不藉助经典性的文字,而是运用"语录"和"公案"来立象设教。这种思维方式普遍得到文人士大夫的青睐,并通过他们的中介而广泛渗入艺术创作实践之中,从而促成了艺术创作之更强调"意",更追求创作构思的主观性和自由无羁,使得作品能达到情、景与哲理交融化合的境界,从而把完整的"意境"凸显出来。禅宗思维对后期的古典园林也很有影响,在意境的塑造上、在意境与物境关系的处理上尤为明显。

(四)其他学说

儒、道、释三家是中国传统意识形态的主流,或者说三个主要的构成要素。除此还有诸多其他要素,在特定的历史情况下融糅儒、道、释的某些观点,或者受到此三家的浸润而逐渐衍生出来。它们又与此三家共同构筑起百花齐放的意识形态园地,而成为中国古典园林历史发展进程中的意识形态背景。其中,"天人合一""寄情山水""崇尚隐逸"便是三个非常值得关注的要素。

1."天人合一"

"天人合一"的命题由宋儒提出,但作为哲学思想的原初主旨,早在西周时便已出现了。它包含着以下三层意义:

首先,人是天地生成的,故强调"天道"和"人道"的相通、相类和统一。这种观点萌芽于西周,原本是古人的政治伦理主张的表述,即《易传·乾卦》所谓"夫大人者,与天地合其德,与日月合其明,与四时合其序,与鬼神合其吉凶"。儒家的孟子和道家的庄子再加以发展。孟子将天道与人性合而为一,寓天德于人心,把封建社会制度的纲常伦纪外化为天的法则。庄子认为"天地与我并生,万物与我为一"(《庄子齐物论》),人与天原本是合一的,只因人为的主观区分才破坏了统一,因而主张消灭一切差别而达到天地混一的境界。

其次,人类道德的最高原则与自然界的普遍规律是一而二、二而一的,"自然"和"人为"也应相通、相类和统一。这种观点导源于上古的原始自然经济,必然会深刻地影响人们的"自然观",即人应该如何对待大自然这个重要问题的思考。也就是说,人的生活不能悖逆于自然界的普遍规律,人生的理想和社会的运作应该做到人与大自然的协调，保持两者之间的亲和关系而非对立、互斥的关系，从而衍生出“天人谐和”的思想。

第三，以《易经》为标志的早期阴阳理论与汉代儒家的五行学派相结合，天人合一又演绎为“天人感应”说。认为天象和自然界的变异能够预示社会人事的变异，反之，社会人事变异也可以影响天象和自然界的变异，两者之间存在着互相感应的关系。这种感应关系奠定了中国传统的“风水”理论的哲学基础，也在一定程度上影响园林地貌景观的营造，其在皇家经营的大型园林中尤为明显。“天人合一”的哲理经过历代哲人的充实和系统化，成为中国传统文化的基本精神之一。它启导中国古典园林向着“风景式”方向健康发展，把园林里面所表现的“天成”与“人为”的关系始终整合如一，力求达到“虽由人作，宛自天开”的境地——天人谐和的境地。

2.“寄情山水”

“寄情山水”不仅表现为游山玩水的行动，也是一种思想意识，同时还反映了社会精英——士人的永恒的山水情结。受到“天人合一”哲理潜移默化的士人们，发现了大自然山水风景之美。尔后，美的山水风景经过人们的自觉开发，揭开了早先的自然崇拜、山川祭祀所披覆其上的神秘外衣，以其赏心悦目的本来面貌而成为人们品玩的对象。于是，逐渐在文人士大夫的圈子里滋生热爱大自然山水风景的集体无意识，从而导致游山玩水的行动；这种行动逐渐普遍、活跃，则又成为社会风尚。士人之在朝为官者努力作出一番事业，但亦不忘情于山水之乐；一旦失意致仕则往往浪迹山林有如闲云野鹤，寄托自己宦海浮沉、政治抱负未能实现的情愫。因此，无论在朝者、在野者，得意者、失意者，大多以游览山水风景为赏心乐事。唐代大诗人李白自诩“五岳寻山不辞远，一生好入名山游”“一斗百篇逸兴豪，到处山水皆故宅”。可以这样说，山水之游已经成为文人名流的生活中必不可少的一项活动，所谓“行万里路，读万卷书”。一个没有作过任何名山大川之游的人，社会上也就很难确认其文人名流的地位。名山大川哺育了一代士人的成长，打造了一代士人的性格。这些优美山水风景，往往藉助于他们的游览活动而得以更彰显其风景名胜之美。许多担任地方官职的文人名流，在任期内饱游饫赏当地的山水风景，还经常利用自己的职权对它们的开发建设作出积极的贡献。杭州西湖得以成为闻名中外的风景名胜区，地方官白居易和苏轼等的参与整治乃是功不可没的。

“寄情山水”的思想影响及于文学艺术，促成了山水文学、山水画的大发展。山水文学包括诗、词、散文、题刻、匾联等，诗与散文则为其中的主流。中国是诗的王国，而山水诗又占着相当大的比重。在唐诗中，有将近半数的诗篇可以归入山水诗的范畴。山水诗主要以描写大地山川的自然景观和人文景观为题材,还涉及旅行、送别、隐逸、宦游、咏怀、吊古、求仙拜佛、访问僧道等,同时也反映作者个人的思想面貌、精神品格、生活情趣和审美理想。山水散文多为"游记"的形式,往往把写景与抒情相结合,逐渐发展成为一种文学体裁。其中,文人通过对名山大川的实地考察,在所撰写的游记中不仅记述其亲历的山川风物之美,还涉及构成风景的自然物和自然现象的成因,并给予它们以科学的推断和评价,明代文人徐霞客撰写的《徐霞客游记》便是较著名者。山水画无论工笔或写意,既重客观形象的摹写,又能够注入作者的主观意念和感情,即所谓"外师造化,中得心源",确立了中国传统山水画的创作准则。技法方面,结合毛笔、绢素等工具而创为泼墨、皴擦,并以书法的笔意入画。许多山水画家总结自己的创作经验,撰写的《画论》不仅是绘画的理论著作,也涉及到自然界山水风景的构景规律的理论探索。山水风景、山水画、山水文学对于古典园林的影响是潜移默化的,并且是相互影响、彼此促进的关系。在中国历史上,山水风景、山水画、山水文学、山水园林的同步发展,则形成了一种独特的文化现象——"山水文化"。山水文化与士人的生活结下了不解之缘,几乎涵盖了他们所接触到的一切物质环境和精神环境。

3."崇尚隐逸"

"崇尚隐逸"与"寄情山水"有着极密切的关系,大自然山水的生态环境是滋生士人的隐逸思想的重要因素之一,也是士人的隐逸行为的最重要载体。隐逸之士即"隐士",又称逸士、高士、处士等。隐士自古有之,他们的抱负不见重于当政者,或者不愿取媚于流俗,为了维护自己的独立之品格和自由之精神,乃避开现实生活,到深山野林里长期隐居起来,过着常人难于忍受的艰辛生活。上古传说中的许由、巢父、伯夷、叔齐就是这样人物的典型者。他们的数量虽然不多,影响却很大。先秦的儒家和道家均给予隐士很高的评价,孔子云:"君子哉蘧伯玉,邦有道则仕,邦无道则可卷而怀之。"(《论语・卫灵公》)"道不行,乘桴浮于海。"(《论语・公冶长》)把它们树立为道德伦理和为人处世的楷模。

从秦汉到清末,在大一统封建王朝的集权政治体制之下,士人们若欲实现自我、建功立业,必须依附皇帝这个唯一的最高统治者,无条件地接受其行为规范和思想控制。士人们固然可以"朝为田合郎,暮登天子堂",但宦海浮沉,仕途多险,显达与穷通莫测,升迁与贬谪无常。他们标榜"达则兼济天下,穷则独善其身",即便独善其身亦不能完全摆脱王权对个人意志的控制,因而最终的归宿便只有退隐一途了。汉以后到唐宋,地主小农经济发达,士人已然拥有自己的田产地业，隐逸者便具备了经济基础，能提供一定水平甚至相当富裕的生活保证，就不必像上古的隐士那样到深山野林中度过极端艰苦的生活。于是，隐士的数量逐渐多起来，隐逸的方式亦与时俱进，出现多样化的趋向：有隐于朝廷的“朝隐”[①]，有隐于市廛的“市隐”，这是少数情况，大多数则为田园之隐，山林之隐。就隐逸的程度而言，有大隐、中隐、半隐之分，甚至把隐逸作为韬光养晦、待价而沽的手段，即所谓“终南捷径”[②]。诸如此类的隐逸行为在一定程度上促进了园林的发展，尤其是郊野别墅园的大发展。园林不仅成为隐者的庇托之所，也是他们的精神家园。随着时间的推移，隐逸的行为在文人士大夫的圈子里演绎、转化为具有哲理性的“隐逸思想”。到后期，隐逸行为逐渐淡化，隐逸思想则日益凸显，浸假而渗入士人的性格禀赋，又在他们心中形成挥之不去的隐逸情结。而园林作为第二自然也就代替大自然山水，成为隐逸思想的最主要的载体。

历来的许多文人士大夫亲自参与营造园林，从规划布局、叠山理水的理念直到具体的物景和意境的塑造，无不表现出园主人对隐逸的憧憬，这类园林甚至可以称之为“隐士园”了。无论致仕而退隐者，或终生不仕的布衣隐者，一般都有很高的文化素养。虽曰隐却并非完全不关心世事，也并非处于离群索居的孤独状态。他们也有一定的社会活动，但都是志同道合“非其人不友”的，因此而形成许多隐士集团。在这个集团里面，大家“同声相应，同气以求”，结成无形的组织，尤其受到社会上的景仰。汉代的“商山四皓”、西晋的“竹林七贤”、南北朝的“白莲社十八高贤”便是早期的最著名的几个隐士集团[③]。隐士们除了小集团内的活动之外，也经常从异地隐者那里获取信息而对天下大势作出判断，以便伺机为统治者提供咨询，个别的还得到“山中宰相”的美誉[④]。隐士们往往亦儒、亦道、亦释，是“天人合一”的自然观和以自然美为核心的美学观的发扬光大者。他们在名山大川结庐营居，必然成为开发风景名胜的一股先行力量。许多隐士同时也是山水画家、山

---

① 汉武帝时东方朔提出所谓“避世金马门”的朝隐之法。金马门是汉宫内侍之门署。他曾以戏谑的口吻歌曰：“陆沉于俗，避世金马门。宫殿中可以避世全身，何必深山之中，蒿庐之下。”(见《史记·滑稽列传》)

② “终南捷径”的典故出自《大唐新语隐逸》中的一段话：“卢藏用始隐于终南山中，中宗朝累居要职。有道士司马承祯者，睿宗迎至京，将还。藏用指终南山谓之曰：‘此中大有佳处，何必在远。’承祯徐答曰：‘以仆所观，乃仕宦捷径耳。’”

③ 蒋星煜. 中国隐士与中国文化. 上海：三联书店上海分店，1988

④ 五代梁朝的陶弘景隐居茅山，梁武帝每有征讨吉凶大事无不前往咨询，每月均有书信来往。其受宠信之程度，为朝中权臣显宦所不及，赏赐之多，超过显宦的俸禄。故当时人称之为“山中宰相”。

水诗人，他们的画作、诗作都著上一层空濛、寂寥、清幽、飘逸的隐士情调。这种情调同样见于士人们经营的园林之中，乃是隐逸生活环境的典型表现。诸如此类的情况，又综合地衍生出一种独特的文化现象——隐逸文化，它与山水文化密切关联着，仿佛你中有我、我中有你。

综上所述，我们可以得出这样的观点：在辽阔的国土范围的空间内，在三千余年的漫长时间进程中，对中国古典园林的发展而言，自然背景最良好的地区，也就是其人文背景最优越的地区，而它们大体上都集中在中部、东部、东南部的平原、河湖、低山、丘陵地带。换句话说，历来的文化发达地区、自然生态良好地区、园林荟萃地区此三者，就地域分布而言大致是重合的。

自然背景除非遭遇重大的生态变异，一般都呈现为静态的状况，人文背景则经常处于诸要素此消彼长的动态演进之中。这两种背景为中国古典园林的发展提供了扎根的土壤，土壤的养分培育出中国古典园林的特点和品质基因，从而成长出根深叶茂的枝干并绽放为姹紫嫣红的园林艺术和技术的盛开花朵。这也就是笔者在自序中所说的“大地山川的钟灵毓秀，历史文化的深厚积淀”的具体诠释和引申。

正是在上述的大背景之下，中华民族得以向古代世界推出一项伟大的贡献——创造了一个如此源远流长、博大精深的古典园林体系。

第三节　中国园林的特征

中国古典园林作为一个成熟的园林体系，若与世界上的其他园林体系相比较，它所具有的个性是鲜明的。而它的各个类型之间，又有着许多相同的共性。这些个性和共性可以概括为四个方面：(1)本于自然、高于自然；(2)建筑美与自然美的融糅；(3)诗画的情趣；(4)意境的含蕴。这就是中国园林几个最重要的特点，或者说是风格特征。

一、本于自然、高于自然

自然风景以山、水为地貌基础，以植被作装点。山、水、植物乃是构成自然风景的基本要素，当然也是风景式园林的构景要素。但中国古典园林并不是简单地利用或者摹仿这些构景要素的原始状态，而是有意识地加以改造、调整、加工、剪裁，从而表现一个精练概括的自然、典型化的自然。只有这样，像颐和园那样的大型天然山水园才能够把具有典型性格的江南湖山景观在北方的大地上重现。这就是中国园林的一个最主要的特点——本于自然而又高于自然。这在人工山水园的筑山、理水、植物配置方面表现最为突出。

自然界的山岳、河湖，以其丰富的外貌和广博的内涵而成为大地景观的最重要的组成部分，所以中国人历来都用“山水”作为自然风景的代称。相应地，山、水也是古典园林的骨架。在园林的地形整治工作中，筑山、理水便成了两项重要的内容，历来造园都极为重视。

筑山即堆筑假山，包括土山、土石山、石山三种情况。土山垒土板筑而成，坡度不能太陡，山愈高则占地愈大，多见于大型的人工山水园，通常利用挖池的土方堆筑。土山的取材、施工都相对容易，又便于种植花木，收到较好的山林效果，但山体形象比较缺乏写意性和表现力。土石山是土与石相结合，先筑土山，再于其上堆叠石块。比之土山，坡度可陡一些，占地少一些，并带有一定的写意性和表现力。如果土多于石则类似土山，石多于土则类似石山。石山全部使用天然石块堆筑而成，这种特殊的堆筑技艺叫做“叠山”，江南地区称之为“掇山”。它既是艺术创作，又是工程技术。石块之间用泥灰填充胶接，并用铁件加固。岭南地区叠山常用小块的英石和大量泥灰，这种做法叫做“塑山”。匠师们广泛采用各种造型、纹理、色泽的石材，以不同的堆叠风格而形成不同的流派。造园是离不开山石的，石的本身也逐渐成了人们鉴赏品玩的对象，并以石而创为盆景艺术、案头清供。南北各地现存的许多优秀的叠山作品——石假山，高度大多八九米，无论摹拟真山的全貌或截取真山的一角，都能够以小尺度而创造峰、峦、岭、岫、洞、谷、悬岩、峭壁等形象的写照。从这些堆叠章法和构图经营上，可以看到天然山岳构成规律的概括、提炼。园林内的石假山都是真山的抽象化、典型化的缩移摹写，能在很小的范围内展现咫尺山林的局面、幻化千岩万壑的气势，表现出天然山体的特征。石假山一般能够塑造具有完整意义的山形，并能突出山体的特征，来作为园林或景区的主景。能够“远观取其势”，也能“近看取其负”，甚至可以进入山腹内部观赏洞穴之景，若循蹬道临绝顶，不仅俯瞰全园，还能够收摄园外之“借景”。

另有一类石假山，以其较小的体量作为园林空间的障隔，或者厅堂的对景，类似影壁的作用，可称之为“叠石”。如果镶嵌在墙壁上，就成为“壁山”。小型的叠石，点缀在庭院、天井、廊间、屋隙，配植少量花木，以白粉墙为背景，则衬托成为宛约多姿的山石小品。叠石往往包镶在房屋的一角、桥梁的两端，作为房屋的基座、台阶或室外阶梯，构成建筑物与自然环境之间的一种过渡。小型水体通常也会有叠石，如驳岸”“石矶”“汀步”，摹拟大自然岩石河床和湖岸的景象，等等。像这样的例子，还有许许多多。叠石成山的风气，到后期尤为盛行，几乎是“无园不石”。此外，还有选择一整块的天然石材陈设在室外作为观赏对象的，通常安置在人们视线集中的地方，这种做法叫做“置石”。用作置石的单块石材不仅具有优美奇特的造型，而且能够引起人们对大山高峰的联想，即所谓“一拳则太华千寻”，故又称之为“峰石”。

中国园林之所以能够显示其高于自然的特点，主要归功于“叠山”（叠石）艺术技法。这是一种高级的艺术创作与结构技术的结合，而叠山匠师往往也兼作园林规划的主持人。

水体在大自然的景观构成中是一个重要的因素，它既有静止状态的美，又能显示流动状态的美，所以是其中最活跃的因素。山与水的关系密切，“山嵌水抱”一向被认为是最佳的成景态势，也反映了阴阳相生的辩证哲理。这在古典园林的创作上是显而易见的，一般说来，有山必有水，“筑山”和“理水”不仅成为造园的专门技艺，两者之间相辅相成的关系也是十分密切的。

中国是个临海的国家，但在历史上，中国古典文化中的内陆型的成分远比海洋型的成分为多。这种情况反映在园林理水方面，人工开凿的水体摹拟海景的很少，基本上是内陆大自然界的湖泊、池沼、河流、溪涧、渊潭、泉水、瀑布等的艺术概括。园林理水务必做到“虽由人作，宛自天开”[①]，即使再小的水面也一定是曲折有致的，并利用山石点缀岸、矶，甚至做出一弯港汊、水口以显示源流脉脉、疏水若为无尽。稍大一些的水面，则必堆筑岛、堤，架设桥梁。在有限的空间内尽量写仿天然水景的全貌，这就是“一勺则江湖万顷”[②]之立意。

一园之内的各种水体，有条件的都要组织成为有源有流的“水系”。通常是以一个湖泊为中心，将水体贯连起来，或者集大小湖泊、河流、溪涧为一个整体，表现天然水景的全面缩影。瀑布之景除了极个别的可以利用天然地形落差之外，一般需要人工抬水上山，或用机枢转运，定时启用，因此在园林中并不多见。水体组成的“水系”与假山组成的“山系”往往互相融糅、穿插。水面一般濒临假山，或者水道弯曲而折入山坳，或者水道由深涧破山腹而入于水池，或者水道回环萦绕于山麓，手法多样。在创造园林的地貌骨架的同时，表现了山、水的紧密关系，呈现为“山嵌水抱”的态势，这是极具典型性的园林水体设计。因此，它所给予人们的那种“山水”和谐之美，当然也就高出于自然界了。

园林植物配置尽管姹紫嫣红、争奇斗艳，但都以树木为主调，因为翳然林木最能让人联想到大自然界丰富繁茂的生态。像西方之以花卉为主的花园、大片的草坪，则是非常罕见的。栽植树木不讲求成行成列，但也并不是

---

① 计成著；陈植注释．园冶·兴造论．上海：明文书店，1983

② 文震亨著；陈植校注．长物志校注．南京：江苏科学技术出版社，1984

随意参差。往往以三株五株、虬枝古干而予人以蓊郁之感,运用少量树木的艺术概括而表现天然植被的万千变化。此外,观赏树木和花卉还按其形、色、香而“拟人化”,赋予不同的性格和品德,在园林造景中尽量显示其象征寓意。例如:松、竹、梅以其傲霜雪的习性而被文人誉为“岁寒三友”,松、柏以其长树龄而作为“长寿永固”的象征。竹之“高风亮节”,莲之“出污泥而不染”,梅花之“香自苦寒来”,菊花之“傲霜独放”,兰花之幽谷清香等,均比喻为君子、高士的品格。牡丹以其雍容华贵的形象而被誉为“国色天香”“花中之王”。桂花、丁香、茉莉,清芳温馨,类同佳人丽姝。海棠、桃、李之属,则以其媚人的姿色而被视为美女妖姬。这些,在历来的诗文题咏中屡见不鲜,也是选择园林植物品种时的参考系。

若以西方园林来比照,英国园林与中国园林同为风景式园林,二者都以大自然作为创作的本源。但前者是理性的、客观的写实,侧重于再现大自然风景的具体实感,审美感情则蕴含于被再现的物象的总体之中;后者为感性的、主观的写意,侧重于表现主体对物象的审美感受和因之而引起的审美感情。英国园林的特点在于,原原本本地把大自然的构景要素经过艺术地组合、相应于用地的大小而呈现在人们的眼前。中国园林则是通过对大自然及其构景要素的典型化、抽象化而传达给人们以自然生态的信息,它不受地域的限制,能于小中见大,也可大中见小。

总之,本于自然、高于自然是中国古典园林重要的特征之一,目的在于求得一个概括、精练、典型而又不失其自然生态的山水环境,且又必须合乎自然之理,方能获致天成之趣。否则就不免流于俗套而失却风景式园林的灵魂了。

二、建筑美与自然美的融糅

法国的规整式园林和英国的风景式园林是西方古典园林的两大主流。前者按古典建筑的原则来规划园林,以建筑轴线的延伸而控制园林全局;后者的建筑物与其他造园三要素之间往往处于相对分离的状态。但是,这两种园林形式却有一个共同的特点:把建筑美与自然美对立起来,要么建筑控制一切,要么退避三舍。

中国古典园林则不然,建筑无论多寡,也无论其性质、功能如何,都力求与山、水、花木这三个造园要素有机地组织在一系列风景画面之中。突出彼此协调、互相补充的积极的一面,限制彼此对立、互相排斥的消极的一面,甚至能够把后者转化为前者,从而在园林总体上使得建筑美与自然美融揉起来,达到一种人工与自然高度协调的境界——天人谐和的境界。当然,达到这种境界并不是简单的事情。就现存的一些实例看来,因建筑的充斥而破坏园林的自然天成之趣的情况也时常发生。

中国园林之所以能够把消极的方面转化为积极的因素以求得建筑美与自然美的融糅,从根本上来说当然应该追溯其造园的哲学、美学乃至思维方式的主导,也就是上文提到过的意识形态方面的人文背景,但中国传统木框架结构建筑本身所具有的特性也为此提供了优越条件。

木框架结构以四根柱子所围成的空间为基本单元,谓之一“间”,由若干间(通常为三、五、七、九之奇数)拼联成单幢的个体建筑物,绝大多数为长方形,也有方形或其他几何形的。个体建筑的内墙、外墙可有可无,空间可虚可实,可隔可透,具有很大的灵活性和随宜性。园林之中的建筑物充分利用这种灵活性和随宜性,再结合于建筑的功能要求,创造了丰富多彩的外观形象:殿、厅、堂、馆、轩、斋、室、榭、舫、亭、廊、楼、阁、台、塔、桥、门等,并获致与自然环境的山、水、花木密切嵌合的多样性。中国园林建筑,不仅它的形象之丰富在世界范围内算得上首屈一指,而且还把传统建筑的化整为零、由个体组合为建筑群体的可变性发挥到了极致。它一反宫廷、寺庙、衙署、邸宅的严整、对称、均齐的格局,完全自由随宜、因山就水、高低错落,以这种千变万化的面上的铺陈更强化了建筑与自然环境的嵌合关系。同时,还利用建筑内部空间与外部空间的通透、流动的可能性,把建筑物的小空间与自然界的大空间沟通起来。正如《园冶》所谓:“轩楹高爽,窗户虚邻,纳千倾之汪洋,收四时之烂熳。”对此,美学家宗白华先生在《中国美学史中重要问题的初步探索》一文中有精辟的论述:“……这里表现着美感的民族特点。古希腊人对于庙宇四围的自然风景似乎还没有发现。他们多半把建筑本身孤立起来欣赏。古代中国人就不同。他们总要通过建筑物,通过门窗,接触外面的大自然界。‘窗含西岭千秋雪,门泊东吴万里船’(杜甫)。诗人从一个小房间通到千秋之雪、万里之船,也就是从一门一窗体会到无限的空间、时间。这样的诗句多得很。像‘凿翠开户牖’(杜甫),‘山川俯绣户,日月近雕梁’(杜甫),‘檐飞宛溪水,窗落敬亭云’(李白),‘山翠万重当槛出,水光千里抱城来’(许浑)。都是小中见大,从小空间进到大空间,丰富了美的感受。”

匠师们为了进一步把建筑谐调、融糅于自然环境之中,还发展、创造了许多别致的建筑形象和细节处理。例如,亭这种最简单的建筑物在园林中是非常常见的,其形象因地制宜,变化多端,非常丰富,通过某些特殊的形象还体现了以圆法天、以方象地、纳宇宙于芥粒的哲理。所以戴醇士说:“群山郁苍,群木荟蔚,空亭翼然,吐纳云气。”苏东坡《涵虚亭》诗云:“惟有此亭无一物,坐观万象得天全。”再如,临水之“舫”和陆地上的“船厅”即模仿舟船以突出园林的水乡风貌。江南地区水网密布，舟楫往来为城乡最常见的景观，所以江南园林中这种建筑形象也运用得最多。廊本来是联系建筑物、划分空间的手段，园林里面的那些楔入水面、飘然凌波的“水廊”，婉转曲折、通花渡壑的“游廊”，蟠蜒山际、随势起伏的“爬山廊”等各式各样的廊子，好像纽带一般把人为的建筑与天成的自然贯穿结合起来。常见山石包镶着房屋的一角，堆叠在平桥的两端，甚至代替台阶、楼梯、柱礅等建筑构件，则是建筑物与自然环境之间的过渡与衔接。随墙的空廊在一定的距离上故意拐一个弯而留出小天井、随宜点缀少许山石花木，顿成绝妙小景。那白粉墙上所开的种种漏窗，阳光透过，图案倍觉玲珑明澈。而在诸般样式的窗洞后面衬以山石数峰、花木几本，犹如小品风景，楚楚动人。

后来的中国园林，建筑物逐渐增多，建筑密度较大，因而匠师们得以充分发挥建筑在以下两方面的突出作用：(1)“点景”和“观景”，即利用建筑物来点缀此处风景，甚至“画龙点睛”而成为一处景域的构图中心，同时又借助建筑物来观赏他处风景，包括园内之景和园外借景。(2)组织园林空间，即由建筑物配以山石、花木围合组织而成的半建筑空间，它们既不同于庭院之为纯建筑空间，也不同于山石、植物围合的自然空间。许多优秀的园林作品，就是由一系列的自然空间、半建筑空间和建筑空间的整合，如同一部空间的交响乐。

总之，优秀的园林作品，尽管建筑物比较密集也不会让人感觉到囿于建筑之间。虽然处处有建筑，却处处洋溢着大自然的盎然生机。这种谐和情况，在一定程度上反映了中国传统的“天人合一”的哲学思想，体现了道家对待大自然的“生而不有，为而不持”[①]的态度。倘若与欧洲曾经风靡一时的规整式园林的对称布局、几何图案和建筑轴线的控制相比较而言，可以看出东西方的这两种园林艺术所表现出的是全然不同的审美观念。

中国传统的建筑环境，大至都城、小至住宅的院落单元，人们经常接触到的大部分“一正两厢”的对称均齐的布局在很大程度上乃是封建礼制的产物、儒家伦理观念的物化。而园林作为这样一个严整的建筑环境的对立面，却长期与之并行不悖地发展着，体现了“道法自然”的哲理。这就从一个侧面说明了儒、道两种思想在我国文化领域内的交融，也足见中国园林艺术在一定程度上通过曲折隐晦的方式反映出人们企望摆脱束缚、憧憬返璞归真的意愿。

① 老子.道德经(上篇).济南：齐鲁书社影印清刊本，1991

三、诗画的情趣

文学是时间的艺术，绘画是空间的艺术。园林的景物既需“静观”，也要“动观”，也就是说在游动、行进中领略观赏，所以园林是时空综合的艺术。中国古典园林的创作，能充分地把握这一特性，运用各个艺术门类之间的触类旁通，融铸时间艺术的诗和空间艺术的画于园林艺术之中。使得园林包含着浓郁的诗、画情趣，这就是通常所谓的“诗情画意”。

诗情，不只是把前人诗文的某些境界、场景在园林中以具体的形象复现出来，或者运用景名、匾额、楹联等文学手段对园景作直接的点题，更在于借鉴文学艺术的章法、手法使得规划设计颇多类似文学艺术的结构。正如钱詠所说：“造园如作诗文，必使曲折有法，前后呼应；最忌堆砌，最忌错杂，方称佳构。”[①]园内的动观游览路线绝非平铺直叙的简单道路，而是运用各种构景要素于迂回曲折中形成渐进的空间序列，也就是空间的划分和组合。划分，不流于支离破碎；组合，务求其开合起承、变化有序、层次清晰。在大型园林中，这个序列的安排一般必有前奏、起始、主题、高潮、转折、结尾，形成内容丰富多彩、整体和谐统一的连续的流动空间，表现了诗一般的严谨、精练的章法。在这个序列之中往往还穿插一些对比的手法、悬念的手法、欲抑先扬或欲扬先抑的手法，合乎情理之中而又出人意料之外，则更加强了犹如诗歌的韵律感。

因此，人们游览中国古典园林所得到的感受，就如同朗读诗文一样的酣畅淋漓，这也是园林所包含着的“诗情”。而优秀的园林作品，则无异于凝固的音乐、无声的诗歌。

凡属风景式园林都或多或少地具有“画意”，并在一定程度上体现绘画的原则。英国园林追求一种所谓“如画的景致”，日本园林中的“枯山水平庭”的创作，也渊源于水墨山水画的构思。但绘画艺术对于造园的影响之广、渗透之深，两者关系之密切，则莫过于中国古典园林。

中国的山水画不同于西方的风景画，山水画重写意，而风景画则重写形。西方的画家临景写生；中国的画家遍游名山大川，研究大自然的千变万化，领会在心，然后挥洒而就。这时候所表现的山水风景已不是个别的山水风景，而是画家主观认识的、对时空具有较大概括性的山水风景。因此，能够以最简约的笔墨获得深远广大的艺术效果，这种情况与园林艺术对大自然的概括、抽象从而获致“本于自然、高于自然”的特点非常相似。两者既沿

① 钱詠．履园从话．北京：中华书局，1979

着同样的创作道路，造园也就可以触类旁通，从立意构思直到具体技法全面借鉴于绘画以增强其艺术表现力。就此意义而言，也可以说中国园林是把作为大自然的概括和升华的山水画又以三度空间的形式复现到人们的现实生活中来。这在平地起造的人工山水园中表现得最为明显。

从假山尤其是石山的堆叠章法和构图经营上，既能看到天然山岳构成规律的概括、提炼，也能看到诸如“布山形、取峦向、分石脉”[①]、“主峰最宜高耸，客山须是奔趋”[②]等山水画理的表现，乃至某些笔墨技法如皴法、矾头、点苔等的具体摹拟。可以说，叠山艺术把借鉴于山水画的“外师造化、中得心源”的写意方法在三度空间的情况下发挥到了极致。它既是园林里面复现大自然的重要手段，也是造园之因画成景的主要内容。正因为“画家以笔墨为邱壑，掇山（即叠山）以土石为皴擦；虚实虽殊，理致则一”[③]，所以许多叠山匠师都精于绘事，有意识地汲取绘画各流派的长处于叠山的创作。

关于园林的植物配置，往往要求其在姿态和线条方面既显示自然天成之美，也要表现出绘画的意趣。因此，选择树木花卉就很受文人画所标榜的“古、奇、雅”的格调的影响，讲究体态潇洒、色香清隽、堪细品玩味、有象征寓意的。

在园林建筑外观方面，由于露明的木构件和木装修、各式坡屋面的举折起翘而表现出生动的线条美。还因木材的髹饰、辅以砖石瓦件等多种材料的运用而显示色彩美和质感美。这些，都赋予它的外观形象以一种富于画意的魅力。所以有的学者认为西方古典建筑是雕塑性的，中国古典建筑是绘画性的，亦不无道理。中国古代历来的诗文、绘画中咏赞、状写建筑的非常之多，甚至以工笔描绘建筑物而形成独立的画科——界画，为世上所罕见。正因为建筑之富于画意的魅力，那些瑰丽的殿堂台阁把皇家园林点染得何等的凝练璀璨宛若金碧山水画，恰似颐和园内一副对联的描写：“台榭参差金碧里；烟霞舒卷画图中。”而江南的私家园林，建筑物以其粉墙、灰瓦、赭黑色的髹饰、通透轻盈的体态掩映在竹树山池间，其淡雅的韵致有如水墨渲染画，与皇家园林金碧重彩的皇家气派，又自迥然不同。

线条是中国画的造型基础，这在中国园林艺术之中亦有完整的体现。比起英国园林或日本园林，中国的风景式园林具有更丰富、更突出的线的造型美：建筑物的露明木梁柱装修的线条、建筑轮廓起伏的线条、坡屋面柔和舒卷的线条、山石有若皴擦的线条、水池曲岸的线条、花木枝干虬曲的线条

① 荆浩. 山水诀. 见：沈子丞编《历代论画名著汇编》. 北京：文物出版社影印，1982

② 王维. 山水诀. 见：沈子丞编《历代论画名著汇编》. 北京：文物出版社影印，1982

③ 阚铎《园冶识语》刊于《园冶》。

等等，组成了线条律动的交响乐，统摄整个园林的构图。正如各种线条统摄山水画面的构图一样，它也给园林美增添了一些如画的意趣。

由此可见，中国绘画与造园之间关系之密切程度。这种关系历经长久的发展而形成“以画入园、因画成景”的传统，甚至不少园林作品直接以某个画家的笔意、某种流派的画风引为造园的粉本。文人和画家参与造园渐渐成为一种风气，或为自己营造，或受他人延聘而出谋划策。专业造园匠师亦努力提高自己的文化素养，有不少擅长于绘事的。流风所及，不仅园林的创作，乃至品评、鉴赏亦莫不参悟于绘画。明末扬州文人茅元仪看到郑元勋新筑的“影园”①，觉得自己藏画虽多，都不及此园之入画者，因而在《影园记》一文中写道：“园者，画之见诸行事也。……我于郑子之影园而益信其说。……风雨烟霞，天私其有。江湖丘壑，地私其有。逸志冶容，人私其有。以至舟车榱桷、草木虫鱼之属，靡不物私其所有。”许多文人涉足于园林艺术，成为诗、书、画、园兼擅于一身的“四绝”人物。曹雪芹能于小说《红楼梦》中具体地构想出一座瑰丽的“大观园”，可算是杰出的“四绝”文人了。

当然，兴造园林比起在纸绢上作水墨丹青的描绘要困难许多，因为造园必须解决一系列的实用、工程等技术问题。这是由于园内的植物是有生命的，潺潺流水是动态的，生态景观随季相之变化而变化，随天候之更迭而更迭。再者，园内景物不仅从固定的角度去观赏，而且要游动着观赏，从上下左右各方观赏，进入景中观赏，甚至园内景物观之不足还把园外“借景”收纳作为园景的组成部分。所以，不能说每一座中国古典园林的规划设计都全面地做到以画入园、因画成景，而不少优秀的作品确实能够予人以置身画境、如游画中的感受。如果按照宋人郭熙《林泉高致》一文中的说法：“世之笃论，谓山水有可行者，有可望者，有可游者，有可居者。画凡至此，皆入妙品。但可望可行不如可居可游之为得。”②那么，中国古典园林就无异于可游、可居的立体图画了。

四、意境的含蕴

意境是中国艺术的创作和鉴赏方面的一个极重要的美学范畴。简单说来，意即主观的理念、感情，境即客观的生活、景物。意境产生于艺术创作中“意”和“境”二者的结合，也就是创作者把自己的感情、理念熔铸于客观生活、景物之中，从而引发鉴赏者之类似的情感激动和理念联想。中国的传统

---

① 影园是明末清初的扬州八大名园之一。

② 周维权.中国古典园林史(第三版).北京：清华大学出版社，2008

哲学在对待“言”“象”“意”的关系上，从来都把“意”置于首要地位。先哲们很早就已提出“得意忘言”“得意忘象”的命题，只要得到意就不必拘守原来用以明象的言和存意的象了。再者，汉民族的思维方式注重综合和整体观照，佛禅和道教的文字宣讲往往立象设教、追求一种“意在言外”的美学趣味。这些情况影响、浸润于艺术创作和鉴赏，从而产生意境的概念。唐代诗人王昌龄在《诗格》一文中提出“三境”之说来评论诗(主要是山水诗)。他认为诗有三种境界：只写山水之形的为“物境”；能借景生情的为“情境”；能托物言志的为“意境”。近人王国维在《人间词话》中提出诗词的两种境界——有我之境，无我之境：“有我之境，以我观物，故物皆著我之色彩。无我之境，以物观我，故不知何者为我，何者为物。”无论《人间词话》的“境界”，或者《诗格》的情境和意境，都是诉诸主观，由主客观的结合而产生。因此，都可以归属于通常所理解的“意境”的范畴。

中国的诗歌和绘画艺术十分强调意境。古代的诗坛上未曾出现过像西方史诗那样的宏篇巨制，在中国诗人看来，诗是否表现时间上承续的情节并无关大局。他们讲究的是抒情表意，将情和意不作直叙而是借景抒情、情景结合。即使单纯描写景物的亦如此，故王国维说：“是景语皆情语也。”绘画重写意、贵神似，写意和神似都带有浓厚的主观色彩。在中国的文人画家看来，形象的准确性是次要的，故苏东坡云：“绘画重形似，见与儿童邻。”重要的在于如何通过对客观事物的写照来表达画家的主观情思，如何借助对客观事物的抽象而赋予理念的联想。

不仅诗、画如此，其他的艺术门类都把意境的有无、高下作为创作和品评的重要标准，园林艺术当然也不例外。园林由于其与诗画的综合性、三维空间的形象性，其意境内涵的显现比之其他艺术门类就更为明晰，也更易于把握。

其实，园林之有意境不独中国为然，其他的园林体系如英国和日本的风景式园林，也具有不同程度的意境含蕴，[①]但其含蕴的广度和深度，比起中国古典园林要稍逊一些。

意境的含蕴既深且广，其表述的方式必然丰富多样。归纳起来，大体上有三种不同的情况。

其一，借助于人工的叠山理水把广阔的大自然山水风景缩移摹拟于咫尺之间。所谓“一拳则太华千寻，一勺则江湖万顷”不过是文人的夸张说法，

---

① 英国风景式园林中有所谓“浪漫园林”故意在园内建置废墟、古墓之类以引起游人的伤感情绪，日本的禅宗园林运用山水布局来表现佛教禅宗的哲理，等等，均具有不同程度的意境含蕴。

这一拳、一勺应指园林中的具有一定尺度的假山和人工开凿的水体而言，它们都是物象，由这些具体的石、水物象而构成物境。太华、江湖则是通过观赏者的移情和联想，从而把物象幻化为意象，把物境幻化为意境。相应地，物境的构图美便衍生出意境的生态美，但前提条件在于叠山理水的手法要能够诱导观赏者联想到“太华”和“江湖”，要不然会出现，如晚期叠山之过分强调动物形象等。所以说，叠山理水的创作，往往既重物境，更重由物境而幻化、衍生出来的意境，即所谓“得意而忘象”。由此可见，以叠山理水为主要造园手段的人工山水园，其意境的含蕴几乎是无所不在，甚至可以称之为“意境园”了。

其二，预先设定一个意境的主题，然后借助于山、水、花木、建筑所构配成的物境把这个主题表述出来，从而传达给观赏者以意境的信息。此类主题往往得之于古人的文学艺术创作、神话传说、遗闻轶事、历史典故乃至某些著名风景名胜的摹拟等，这在皇家园林中是十分普遍的。

其三，意境并非预先设定，而是在园林建成之后再根据现成物境的特征作出文字的“点题”——景题、匾、联、刻石等。通过这些文字手段的更具体、明确的表述，其所传达的意境信息也就非常容易把握了。《红楼梦》第十回“大观园试才题对额”，所描述的就是这样的情形。[①] 可以想见，文字的作者，实际上也参与了此处园林艺术的部分创作。

运用文字信号来直接表述意境的内涵，则表述的手法就会更为多样化：状写、比附、象征、寓意等。表述的范围也十分广泛：情操、品德、哲理、生活、理想、愿望、憧憬等，能够把天人合一、寄情山水、崇尚隐逸的理念乃至儒、道、释的思想结合于园景而直接抒发出来。游人在游园时所领略的已不仅仅是目光所及的景象，更有不断在头脑中闪现的“景外之景”；既能满足感官（主要是视觉感官）上的美的享受，还能唤起以往经历的记忆，从而获得不断的情思激发和理念联想即“象外之旨”。

---

① 大观园刚完工，贾政率领众清客和宝玉入园，叹曰：“……若大景致，若干亭榭，无字标题，任是花柳山水，也断不能生色。”说着，便来到一处景点，“进入石洞，只见佳木茏葱，奇花烂熳，一带清流……石桥三港，兽面衔吐。桥上有亭。”一位清客建议，根据欧阳修《醉翁亭记》题此亭为“翼然亭”。贾政认为太一般化，似应以欧阳修“泻于两峰之间”句而命名“泻玉亭”为妥。宝玉则对此发表了一番议论：“……似乎当日欧阳公题酿泉用‘泻’字则妥，今日此泉也用‘泻’字似乎不妥。况此处既为省亲别墅，亦当依应制之体，用此等字，亦似粗陋不雅，求再拟蕴藉含蓄者。……‘沁芳’二字，岂不新雅”，于是，贾政便采纳了宝玉的意见，把进入园门后看到的这第一个景点命名为“沁芳亭”，并让他题一联曰：“绕堤柳借三篙翠，隔岸花分一脉香。”显然，贾政认为以“沁芳”作为景题，于意境的表述似乎更深远一些、贴切一些。

匾题和对联既是诗文与造园艺术最直接的结合而表现园林“诗情”的主要手段，也是文人参与园林创作、表述园林意境的主要手段。匾题和对联的运用使得园林内的大多数景象无往而非“寓情于景”，随处皆可“即景生情”。因此，园林内的重要建筑物上一般都悬挂匾和联，上面的文字往往点出了景观的精粹所在；同时，文字作者的借景抒情也感染游人从而激起他们的浮想联翩。优秀的匾、联作品尤其如此。苏州的拙政园内有两处赏荷花的地方，一处建筑物上的匾题为“远香堂”，另一处为“留听阁”。前者得之于周敦颐咏莲的“香远益清”句，后者出自李商隐“留得残荷听雨声”的诗意。一样的景物由于匾题的不同却给人以完全不同的感受，物境虽同而意境则殊。北京颐和园内临湖的“夕佳楼”坐东朝西，“夕佳”二字的匾题取意于陶渊明的诗句：“山气日夕佳，飞鸟相与还；此中有真意，欲辨已忘言。”[①]游人面对夕阳残照中的湖光山色，若能联想这诗中的意境，则对眼前景物的欣赏想必会更深一层。昆明大观楼建置在滇池畔，悬挂着当地名士孙髯翁所作的180字长联，号称“天下第一长联”。上联咏景，下联述史，洋洋洒洒，把眼前的景物状写得全面而细腻入微，把作者即此景而生出的情怀抒发得淋漓尽致。[②]其所表述的意境，延绵无尽，感人至深。

园林的匾联文字创作，乃是文人的一项高雅文化活动，需要鉴赏者也应具备一定的文化素养，否则难于领会。不过，有一些匾联文字确实格调不高，或者附庸风雅，或者无病呻吟，充斥文人的酸腐气，则迹近于牵强的“文化标签”的廉俗之流了。

游人获得园林意境的信息，不仅通过视觉官能的感受或者借助于文字信号的感受，而且还通过听觉、嗅觉的感受。诸如十里荷花、丹桂飘香、雨打芭蕉、流水丁冬、桨声欸乃，乃至风动竹篁有如碎玉倾洒，柳浪松涛之若天籁清音，都能以“味”人景，以“声”入景而引发意境的遐思。曹雪芹笔下的潇湘馆，那“凤尾森森，龙吟细细”更是绘声绘色，点出此处意境的浓郁蕴藉了。

正由于园林内的意境蕴涵之如此深广，中国古典园林所达到的情景交融的境界，也就远非其他的园林体系所能企及了。

如上所述，这四大特点及其衍生的四大美学范畴——园林的自然美、建

---

① 周维权. 中国古典园林史（第三版）. 北京：清华大学出版社，2008

② 上联：“五百里滇池，奔来眼底，披襟岸帻，喜茫茫空阔无边；看东骧神骏，西翥灵仪，北走蜿蜒，南翔缟素；高人韵士，何妨选胜登临，趁蟹屿螺洲，梳裹就风鬟雾鬓，更苹天苇地，点缀些翠羽丹霞；莫辜负四周香稻、万顷晴沙、九夏芙蓉，三春杨柳。”下联：“数千年往事，注到心头，把酒凌虚，叹滚滚英雄谁在？想汉习楼船，唐标铁柱，宋挥玉斧，元跨革囊；伟烈丰功，费尽移山心力，尽珠帘画栋，卷不及暮雨朝云，便断碣残碑，都付与苍烟落照；只赢得几杵疏钟，半江渔火、两行秋雁、一枕清霜。”

筑美、诗画美、意境美，乃是中国古典园林在世界上独树一帜的主要标志。它们的成长乃至最终形成，固然由于政治、经济、文化等的诸多复杂因素的制约，但就总体而言，与中国传统的意识形态的方方面面以及重整体观照、重直觉感知、重综合推衍的思维方式的启导也有着直接的关系。可以说，上述几个特征本身正是这些哲理和思维方式在园林艺术领域内的具体表现。园林的全部发展历史反映了这几个特征的形成过程，园林的成熟时期也意味着这些重要特征的最终形成。

第二章　中国园林艺术的发展

关于中国园林艺术，本章将从中国古代园林艺术、中国近现代园林艺术和中国园林艺术的持续发展三个方面着重探讨其历史演变，并以卓越的理论、技术、实践成果为中国园林艺术的持续发展提供动力支持。

第一节　中国古代园林艺术

一、中国园林的起源

中国园林的源头可以追溯到公元前殷商时期。汉代许慎《说文》记载："园，树果；圃，树菜也。"《周礼》："园圃树瓜果，时敛而收之。"这些当时被用作农业生产的园和圃是史书中较早开始出现的"园"，但这时的"园"和"圃"只作农业生产之用，尚不能称为真正的园林。随后的官宦贵族们为了狩猎的需要，圈地放养禽兽，称为"囿"。《史记·殷本纪》记载了殷纣王"原赋税以实鹿台之钱……益收狗马奇物……益广沙丘苑台，多取野兽蜚鸟置其中。……乐戏于沙丘"。殷纣王的"沙丘苑台"成为史书记载最早的帝王园囿。这时的园囿已具备了游玩、狩猎、栽植等较多功能，"园囿"成为中国最早的园林形式。据《诗经》上记载"囿……天子百里，诸侯四十里"，《孟子》记载周文王的"灵囿"："文王之囿，方七十里"，可见帝王园囿范围气势之宏大。单纯的狩猎逐渐不能满足贵族们的游憩需要，园囿逐渐增加了其他的功能，模仿自然环境的池沼楼台开始出现，植物的栽植也开始有意识地进行，中国传统园林的雏形基本形成。

二、秦汉时期的园林艺术

秦始皇统一中国后，在政治、经济、思想方面进行了很大的改革。为了巩固其政治和军事地位，开始大量进行各类建设，包括修建宫殿、陵墓等。

其中规模最大者当属上林苑中之阿房宫,其"离宫别馆,弥山跨谷。"(《三辅旧事》)据《史记·始皇本纪》记载:"始皇帝三十五年,以成阳人多,先王之宫庭小,……乃营宫于渭南上林苑中。阿房为朝宫先作之前殿,庭中可受十万人,车行酒,骑行炙,千人唱,万人和。"足可见当时皇帝宫苑规模之宏大,场面之奢华。始皇所有的这些建造活动都极大地带动了建筑和园林艺术的发展。

到了汉代,虽然政治和经济上较之秦朝没有多大的变革,但是宫苑建设在秦朝的基础之上又有所发展,以汉武帝在秦朝上林苑的基础上扩建的宫苑为代表。汉武帝在太初元年(前 104 年)大修宫苑,工程浩大,前后历时约 90 年,形成了我国古典园林早期皇家园林的代表之作——上林苑。据汉代卫宏《汉旧仪》中记载:"上林苑中有六池、市郭、宫殿、鱼台、犬台、兽阙"。当时的上林苑已经不只是出于狩猎和简单的游玩目的,而是增加了居住、接待等功能,具有离宫的性质。在上林苑的建造中,由于汉代就已具备的砖石建筑技术和拱券、木构等施工工艺,所以园林建筑水平显著提高。从有关史书记载和现代的遗址考察可以发现,汉代的上林苑已经非常注重水景的处理和园林植物的应用,水面的划分和空间处理也开始注重意境的营造,植物配置上也是搜罗全国奇树异物增加宫苑的趣味性。

三、魏晋南北朝时期的园林艺术

魏晋南北朝时期是中国造园史上的重要转折期。从汉末到魏晋南北朝,中国社会经历了一段混乱的时期。人们对社会现实生活产生厌恶,而追求返璞归真的自然思想与田园生活,[①]再加上自然山水画的发展,使中国园林开始向模拟自然山水的方向发展。魏晋南北朝时期的著名画家谢赫在《古画品录》中提出美术作品品评的六法,[②]对我国园林艺术创作中的布局、构图、手法等,都有较大的影响。

这一时期,皇家园林较前期有所发展,洛阳一带分布了十余处皇家园林,较为有名的是在汉代基础上扩建的芸林苑。史书《魏略》记载:"青龙三年(235 年)……于芸林苑中起陂池,楫棹越歌。又于列殿之北立八坊,诸才人以次序处其中……自贵人以下至尚保及给掖庭洒扫习技歌者各有数千。通引水过九龙殿前为玉片绮栏。蟾蜍含受,神龙吐水,使博士马均作司市东水转百戏。岁首建巨兽,鱼龙曼延,弄马倒骑备如汉西京之制……景初元年

① 潘谷西.中国建筑史.北京:中国建筑工业出版社,2001

② 六法指"气韵生动、骨法用笔、应物象形、随类赋彩、经营位置、传移模写"。

(237年)起土山于芸林苑西阪,使公卿群僚皆负土成山,树松竹杂木善草于其上,捕以禽兽置其中”。芸林苑基本延续汉代园林艺术成就,以模仿自然为主,在水景和绿化方面艺术手法有所丰富,并且为以后皇家园林所模仿。

东汉时期佛教传入中国,南朝梁武帝时(502—549)将佛教定为国教,统治者对宗教的提倡,使寺院园林得到了很大发展,寺院园林也成了这一时期重要的园林类型。开始时的寺院多来自达官贵人“多舍居宅,以施僧尼”(《魏书・释老志》),后寺院园林逐渐选择山幽水静之处修建,往往与自然山水融为一体,相得益彰。

魏晋南北朝时期,随着土地的大量集中,士族大地主的自然经济庄园也开始盛行和发展起来,[①]一时修建了很多山居别墅,大多在景色优美、依山傍水的地带。

四、隋唐时期的园林艺术

隋朝在我国历史上为期较短,但是由于荒淫无度的隋炀帝大肆修建宫殿和苑囿,也为后世留下了大量的建筑遗产。西苑便是隋炀帝大业元年(605年)在洛阳兴建的。西苑规模之大,场景之豪华,从古书记载就可见一斑。《隋书》记载:“西苑周二百里,其内为海周十余里,为蓬莱、方丈、瀛洲诸山,高百余尺,台观殿阁,罗络山上。海北有渠,萦纡注海,缘渠作十六院,门皆临渠,穷极华丽。”(魏征等《隋书》)唐代杜宝《大业杂记》记载:“苑内造山为海,周十余里,水深数十丈,上有通真观、习灵台、总仙宫,分在诸山。风亭月观,皆以机成,或起或灭,若有神变,海北有龙鳞渠。屈曲周绕十六院入海”,由此可见西苑之规模与美景。从史书的大量记载可知西苑基本上延续“一池三山”的宫苑模式。西苑是历史上仅次于上林苑的大型皇家园林。

唐朝是我国封建社会历史上的鼎盛时期,社会安定、国力富强。文学、音乐、绘画等各种形式的创作活动非常兴盛。唐诗为我国古代文学的瑰宝,记载着优秀的唐文化。唐代的音乐、绘画也成就非凡,很多作品和艺术手法为今世所传承。这些艺术形式对建筑艺术和造园手法产生了很大的影响。犹如唐代文学追求的“风骨”一样,唐朝的园林艺术讲求大气而不失雅致,有名的皇家园林有建于都城长安近郊的华清宫,位于骊山脚下,有温泉流出,且因盛唐之时皇宫丽人在此沐浴游玩而名扬天下。华清宫由于地处山脉,地势不平,建筑多依地势而建,亭台楼榭层次丰富,配以关中丰富的乔灌树种,形成优美的园林景观。

---

① 张家骥.中国造园史.哈尔滨:黑龙江人民出版社,1987

唐之盛世，为私家园林的发展提供了良好的社会环境，尤其以长安城为中心，出现了很多私人园林。中唐以后，文人为官者增多，他们也开始直接参与造园，奠定了宋之后文人园林的基础。[①] 王维于陕西蓝田县南终南山下作辋川别业（今已无存）并作《辋川集》，成为早期文人园林的代表（图 2-1）。隋唐时期，寺观园林也得到了更进一步的发展，形制更加完善，城市寺观也成为大众休闲的一个主要公共空间。

图 2-1　王维《辋川图》

图 2-2　唐代园林四川新繁东湖

唐时的"安史之乱"致使唐玄宗入蜀避难，很多达官贵人和文人墨客也纷纷远离战乱纷扰的中原，他们进入四川或游或居，在四川写下很多脍炙人口的文学作品，极大地促进了四川的文学艺术发展，并且对四川园林产生了深远影响，逐渐形成"格调高雅，意在笔先；灵活多变，朴素自然；古雅清旷，飘逸

① 周维权．中国古典园林史（第三版）．北京：清华大学出版社，2008

乡情”的川派园林风格，[①]成为中国地方园林中的典型代表。四川现仍保留有唐代园林新繁东湖，是唐代著名宰相李德裕任新繁县令时所修（图 2-2）。

五、宋元时期的园林艺术

宋朝是我国诗词与绘画艺术发展的一个高潮期。很多文人墨客吟诗作赋，歌颂自然山水，创作的山水诗和山水画成为文学与艺术史上的经典之作。宋代山水画代表人物之一的马远所作的《踏歌图》（图 2-3），图中有山水树木、亭台楼阁，画面具有诗般的意境，表达了其理想的生活境界。这一时期文人与画家们的艺术创作已经不仅仅停留在文字与纸张之上，而是寻求更好的表现手段，园林便是更好地实现他们思想境界的首选形式。所以，宋代以来园林艺术的最大特点在于文人参与造园。他们将诗歌与绘画中的意境用园林的理水堆山等手法表现得淋漓尽致，也极大地推进了造园艺术的发展。文人参与造园，也使中国的传统园林艺术发展到现代仍然与文学诗词有着不解之缘。

图 2-3 马远《踏歌图》

① 赵长庚.西蜀历史文化名人纪念园林.成都：四川科学技术出版社，1989

宋代皇家园林论气势和规模均不比前朝,但是规划设计讲求精致。宋朝的园林名作是位于汴京的皇家园林“寿山艮岳”(图 2-4)。喜好游山玩水的宋徽宗对造园有着极大的兴趣。他不惜花费巨大的人力财力,从江浙一带搜罗奇石运至都城为造园之用,所以,“寿山艮岳”中的叠石艺术成为其特色之一。

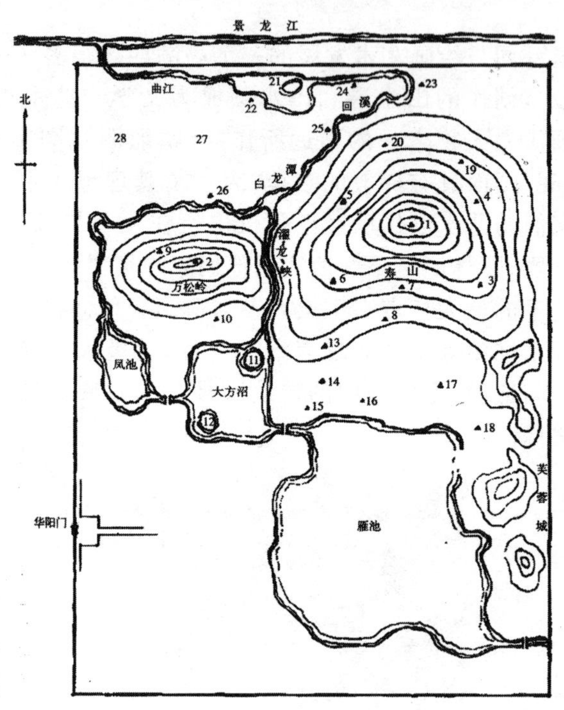

图 2-4 艮岳半面设想图

1—介亭;2—巢云亭;3—极目亭;4—萧森亭;5—麓云亭;6—半山亭;7—降霄亭;8—龙吟堂;9—倚翠楼;10—巢凤堂;11—芦渚;12—梅渚;13—揽秀轩;14—荷绿华堂;15—承岚亭;16—昆云亭;17—书馆;18—八仙馆;19—凝观亭;20—圜山亭;21—蓬壶;22—老君洞;23—萧闲馆;24—漱玉轩;25—高阳酒肆;26—胜筠庵;27—药寮;28—西庄①

“寿山艮岳”中的园林建筑也是根据地形和周边环境设置的,有闲坐细饮的安静之处,也有凭栏眺望的临水之轩,因地制宜的原则在这里得到了很好的应用。“寿山艮岳”的园林艺术成就为明清时期山水园的辉煌成就打下了一定的基础。“寿山艮岳”是在城市筑园造林,属于城市园林。而在宋朝时期,还有另外一种园林形式同样具有迷人的艺术魅力,这就是结合城市近郊风景建设自然风景园,以杭州西湖为代表。苏东坡任杭州知州时,将西湖一带自然风景加以人工组织,形成优美的自然景观,成为直到现在仍然游人

① 周维权. 中国古典园林史(第三版). 北京:清华大学出版社,2008

如织的风景区。宋代在建筑史上具有重要意义的是李诫编著的《营造法式》，为建筑各个部分予以详细描述，对于雕刻、彩画也有一定介绍。《营造法式》使得宋代的园林建筑水平有了很大的提高，各种建筑细部做法也极具精巧，成为园林整体美的重要组成部分。

元代，园林已开始成为文人雅士抒写自己性情的重要艺术手段，以文人园林为主的私家园林有所发展，如苏州的狮子林。[①]

六、明清时期的园林艺术

明清时期对于中国园林来说是一个发展的鼎盛时期。这一时期的园林建设主要在两个方面。一是以北京为主的皇家园林建设；另一个是以江南为主的私家园林建设。明清时期的皇室贵族们修建园林供皇室休闲度假之用，且规模宏大，往往可居可游，一般和离宫相结合。宫苑是当时京城里有名的园林，即现在的北海、中海和南海。颐和园是京城近郊的一处规模浩大的皇家园林。较之以前的皇家园林，颐和园的功能已经增加了很多，园内不仅仅有居住游玩之建筑山水，连商街店铺也纳入其中，且园中有园，其规模和奢华可见一斑。另一著名的皇家园林是北京的圆明园（图 2-5）。这是从康熙在位开始修建，历经百余年建设而成的大型皇家园林，与法国的凡尔赛宫合称世界园林史上的两大奇迹。[②]

图 2-5　圆明园海晏堂复原图

① http://www.yuanliner.com/article/2008/0710/article_8742.html.

② 安怀起.中国园林史.上海：同济大学出版社，1991

北京皇家园林建设兴盛的同时，江南的私家园林也处在一个繁荣的建设时期。江南一带的文人雅士和富商贵族们，有经济条件也有闲情雅兴修建私家园林，再加上江南一带气候湿润，花木种类多，使得江南的私家园林快速发展起来。有名的私家园林有拙政园、留园、网师园等。私家园林不像北方的皇家园林那样讲求规模的宏大和场面的奢华，而是小巧雅致、意趣横生，追求“虽由人作，宛自天开”的自然意境。私家园林大多与住宅结合，面积不大，但是借景、对景等设计手法应用娴熟，水面处理灵活多变，建筑形式更是多样化，形成丰富的园林景观（图 2-6）。明末造园家计成的理论著作《园冶》全面描述了江南私家园林设计手法，这在中国造园史上占有重要地位。

图 2-6 苏州园林

清初，岭南的珠江三角洲地区，经济比较发达，私家造园活动开始兴盛，并影响及潮汕、福建和台湾等地。到清代中期，在园林的山水布局、空间组织、植物配置方面逐渐形成自己的风格，成为除江南、北方之外的重要园林风格。① 岭南园林具有“小巧雅致、中西合璧”的特点，代表园林有番禺余荫山房、东莞可园、佛山梁园、顺德清晖园。

第二节 中国近现代园林艺术

从 1840 年的鸦片战争开始，中国社会逐渐进入半殖民地半封建社会，整个社会格局产生巨大变化，政治、经济、文化等各个方面无不受到巨大影

① 周维权.中国园林史(第三版).北京:清华大学出版社,2008

响。多个国家在中国开始设置租界，中国被迫打开国门，因此，文化方面受到租界的影响，开始学习西方的艺术思潮，建筑方面也出现了西方的折中主义样式，成为中国近代建筑的特色。与此同时，欧洲式的公园也被引入中国，但当时只是殖民者自己的娱乐领地，中国民众难以涉足。但是，随着更多的西方文化进入国内，中国社会也开始学习西方的公园模式，努力使公民都能享受到公园绿地，而不只是为少数统治阶级服务。1906年，无锡、金匮两县建造"锡金公花园"，成为我国自己建造的最早的公园，①为我国公园的发展打下了基础。辛亥革命前后，在广东、汉口、成都、昆明等出现了一些公园，我国的近代公园建设开始逐渐增多。

新中国成立以后，新中国为广大民众建设了很多的园林绿地，分布在街头城郊，普通市民能够享用。比如很多大中城市的"人民公园"，从命名上也能看出公园的服务是面向老百姓、面向大众的。20世纪80年代以来，由于改革开放的进行，中国的经济得到了飞速增长，各个类型的建设活动频繁，公园建设也不例外。全国各地建设了很多规模较大的公园，且20世纪末以来逐渐免费向公众开放。

一、鸦片战争后的园林发展

(一)租界园林的产生与公园文化的引入

中国古典园林经过长期的发展，在一个较为封闭的环境中逐步完善，形成了鲜明的自身特色，取得了举世瞩目的成就，成为世界传统园林的一个典范。然而中国近代园林的发展，却始于外来文化借洋枪洋炮打开国门之后，在外来思想和理论的指导下进行的殖民形式园林的创作。鸦片战争所带来的是一系列不平等条约的签定，殖民者在部分城市，尤其是沿海开埠城市划出租界，出现了城中之城，同时也将欧美的物质文明、价值观念、伦理道德、市政管理及审美情趣等都带入租界，使之成为东方文化世界中的一块西化拼图。西方侨民为闲暇生活所需，带来了西方的公共性活动场所形式，城市公园就是其中之一。近代园林的前期只为少数外国人服务，1868年建造的黄浦公园是我国最早的一个城市公园，虽是公园但却规定"华人与狗不准入内"。这一时期公园多采取法国规则式和英国风景式两种，它们都只不过是为殖民者开放的公园。1906年在无锡、金匮两县乡绅筹建的"锡金公花园"

① 封云.绿地规划设计.北京:中国林业出版社,1996

算我国自己建造的最早的公园，该园特点是采用多建筑、无草地、有假山、自然式水池等中国古典园林的手法。自此，中国人开始有了对国人开放的近代公共园林。

辛亥革命之后，广州相继建设了越秀公园、中央公园、永汉公园等9处；汉口建市府公园等2处；昆明建设翠湖公园等9处；北平建中央公园（今中山公园）；南京建玄武湖公园等6处；此外还有厦门中山公园，长沙天心公园，无锡惠山公园等等。蜂拥而起的公园运动，在上海等租界城市完全是外国的洋腔洋调；而在其他内地城市，有的是在原有风景区、原有古园林上造的，也有的是在新址上参照欧美公园建造的。

在理论方面，1898年英国人霍华德的《明日的田园城市》一书对我国初期园林以至今日园林影响极大。1935年我国规划师莫朝豪的《园林规划》写到"都市田园化与乡村城市化"等，其中的思想与《明日田园城市》里的思想相类似，在强调公众性、洋为中用的同时，过分强调了市政、工程方面物质因素而使得具有丰富文化内涵和文人气质的古典园林风格在新公园里十分势弱。

总体而言，1840年鸦片战争后，中国社会发生了巨大而深刻的变化，也带来了园林的新发展。随着资产阶级民主思想与想与西方造园艺术的进一步传播，人们开始认识到园林是为公众服务的，其中公园的出现就是一个显著的标志。

（二）公园类型

从鸦片战争到新中国成立这个阶段，出现的公园可以概括为以下三种类型。

1. 租界公园

帝国主义国家利用不平等条约在中国建立租界，并在租界建立公园。这类公园比较著名的有上海的外滩公园，或称外滩花园（现黄浦公园，建于1868年），虹口公园（建于1900年），法国公园（又名顾家宅公园，现复兴公园，建于1908年）；天津的英国公园（现解放公园，建于1887年），法国公园（现中山公园，建于1917年）等。开始因在租界，这类公园不准中国人进入，在五卅运动和北伐战争的影响下，这个规定才被废止。

2. 自建公园

自建公园，如齐齐哈尔的龙沙公园（建于1897年），无锡的城中公园（建于1902年），成都的少城公园（建于1910年，现人民公园），南京的玄武湖公园(建于 1911 年)等。辛亥革命之后,许多在沿海和长江流域的城市也陆续建立公园,如广州的中央公园(现人民公园)和黄花岗公园(均建于 1918 年);四川的万县西山公园(建于 1924 年)和重庆中央公园(现人民公园,建于 1926 年)。

3. 转型公园

皇家苑囿或旧时衙署园林、孔庙等开放形成的大众公园。这类公园大多集中在北京,有 1912 年开放的城南公园(先农坛),1914 年开放的中央公园(社稷坛,现中山公园),1924 年开放的颐和园,1925 年开放的北海公园。此外如四川新繁的东湖公园(1926 年开放),上海的文庙公园(1927 年开放,现南市区文化馆)也是当时比较典型的。到抗日战争前夕,在全国建有数百座公园。抗日战争爆发直至 1949 年,各地的园林建设基本上处于停顿状态。

二、新中国成立初期的园林发展

(一)园林发展概述

新中国成立后,很多城市人民政府都确定了"为生产服务,为劳动人民服务,首先是为工人阶级服务"的城市建设方针,把园林绿化列为城市建设任务之一。三年经济恢复时期,城市园林部门在修复被破坏公园的同时,利用城市空地、荒地、墓地、垃圾堆场和某些庭园辟建为公园。毛泽东发出"实行大地园林化"的号召,出现了声势浩大的群众绿化运动,在一些大中城市还建设了植物园和动物园。这一时期,一方面较好地继承和发扬了我国古典园林艺术的优秀传统,另一方面,吸纳了不少苏联文化休憩公园和欧式园林的设计手法。

随后在抵抗自然灾害和整顿提高经济的社会大环境中,从 1960 年开始因国家经济困难而大量削减城市建设投资,各地的园林建设都不同程度的陷入停顿。很多城市园林管理处根据上级指示,将苗圃土地归还农田,部分公共绿地和单位附属绿地也改种蔬菜。经过三年的调整,自 1964 年,部分城市园林绿化已有转机。但是,接踵而来的"文化大革命"使很多城市的园林绿化遭受到毁灭性的破坏,园林花卉、盆景、观赏树木、观赏鱼、鸟等都被视为剥削阶级的玩物。园林部门做的工作被认为是为"封、资、修",为此,园林部门大多数领导干部受冲击,园林科研、设计机构被解散,专业学校停办,技术人员下放劳动,管理规章被否定,大量公共绿地被占、被毁。

（二）园林发展成就及实例

中国现代园林主要是指 1949 年中华人民共和国建立以后营建、改建和整理的城市园林。新中国成立之初，百废待兴，中国的园林还处在一个调整、恢复的阶段；20 世纪 50 年代全国各城市结合旧城改造、新城开发和市政工程建设，建造了一大批新公园，例如北京的紫竹院公园、上海的长风公园和合肥的逍遥津公园等。但是之后，特别是受文化大革命的阻碍，使得我国园林的发展陷于一段时间的停顿。

1. 北京紫竹院公园

紫竹院公园位于北京西北近郊，海淀区白石桥附近，北京首都体育馆西侧，因园内有明清时期庙宇福荫紫竹院而得名，始建于 1953 年，是新中国成立后新建的大型公园。全园占地近 48 hm^2，其中水域面积 16 hm^2，南长河、双紫渠穿园而过，形成三湖两岛一堤一河一渠（长河与紫竹渠）的基本格局，是一个以水景为主，以竹造景，以竹取胜，深富江南园林特色的自然园林公园（图 2-7）。

图 2-7　紫竹院公园

2. 上海长风公园

公园原址为上海吴淞江的一片河湾农田，采用中国传统的“挖湖堆山”手法，建成的一座大水面、主景山的现代综合性公园。该园始建于 1958 年，面积约为 37.4 hm^2，其中水面占 41%。陆地中，绿地 82%，道路广场 13.0%，建筑

1.8%,其他3.2%。园内主要景区有:

(1)银锄湖,宽广辽阔,是当时市区公园里最大的水面,能开展各种水上活动;

(2)铁臂山,茂林幽径,亭台掩映,供散步休息;

(3)疏林草坪区,有露天舞台、艺术雕塑、自然花境等,适于文化娱乐活动;

(4)"勇敢者之路",结合山水地形,专为青少年设置的一组体育游戏器械(图2-8)。

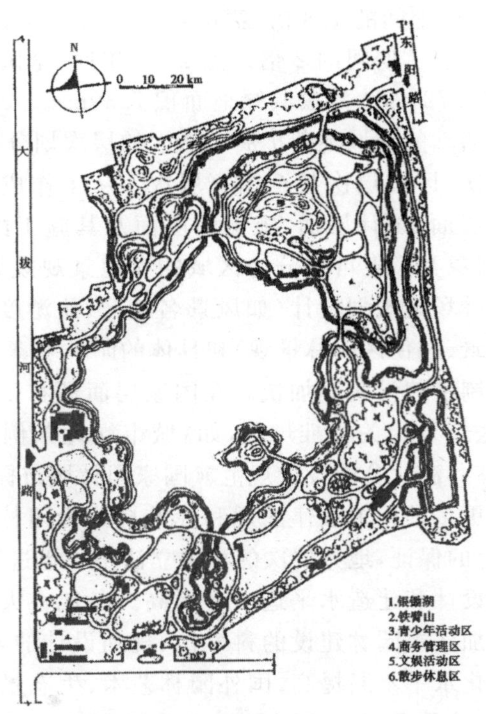

图2-8　长风公园

三、改革开放后园林的全面发展

(一)园林发展概述

改革开放以来,我国园林建设进入了全面发展的新阶段,具体表现在以下几个方面:

(1)园林绿地被视为城市中唯一有生命的基础设施,是能够有效改善城市人居环境、提高广大市民生活质量的公益事业，是构筑社会主义小康社会的重要内容之一。城市园林绿化投人资金大幅度增加，据统计，2001 至 2004 年全国园林绿化维护建设资金支出 1137.3 亿元；园林绿化行业固定资产投资达 1084.1 亿元。同时，稳定的、多元化的城市园林绿化建设筹资机制逐步形成，许多城市在保证政府投入的前提下，拓宽融资渠道，通过公建民助、民建公助、捐资助绿、出让绿地冠名权和广告发布权等方式，引导社会资金参与城市园林绿地建设和管理。

(2)园林绿化速度不断提高，2001 至 2004 年全国新建城市绿地超过了 450000hm^2，是“九五”期间的 1.8 倍；新建公园 1972 个，新增公共绿地面积近 110000hm^2，是“九五”期间的 2 倍。到 2004 年底，全国城市绿化覆盖率 31.66%，绿地率 27.72%，人均公共绿地面积 7.39m^2。

(3)园林建设活动的领域不断扩展。从大的层次划分上来说，可以分为社区层次、城市层次、区域层次甚至国家层次。从工作成果的类型划分上说，可以分为规划层面、设计层面、施工图层面及其施工配合和管理层面。而从具体的工作对象类型上可以分为区域的大地景观规划、城市绿地系统规划、各种风景园林场地规划设计（如风景名胜区、旅游度假区、城市公园、城市广场、城市街景、居住区园林景观）和具体的园林要素设计等等。

(4)相关法规制度建设明显加快。在国家层面颁布了多项与园林建设直接相关的法律法规及相关标准规范，如《城市绿化条例》《风景名胜区条例》《城市绿线管理办法》《公园设计规范》《国家园林城市标准》《城市绿地分类标准》等。还有更多的相关法律法规和标准规范为园林建设活动的正常开展提供了制度上的保证，地方层次的相关立法工作也进展很快。

(5)城市园林设计和建造水平进一步提高。各地在大规模进行城市绿化建设的同时，更加注重园林建设的科学性、规划设计的合理性、植物搭配的多样性，园林绿化水平不断提高，国外园林艺术、生态景观理念和植物品种在园林建设中大放异彩，与我国本土文化的融合更趋紧密。

当然，在这样一个大发展的总体背景下，也有很多问题引起了我们的注意，比如欧陆风的问题、广场风的问题、大树进城的问题和如何继承中国优秀古典园林传统的问题等等。全面发展的总体趋势给了我们专业人员莫大的信心，而种种难题则是给我们提出了巨大挑战，在这样的环境里我们有可能也有必要全面提高自身素质，勤奋思考，刻苦工作，建设有中国特色的现代园林。

(二)园林发展成就及实例

20 世纪 70 年代末，国家施行“改革开放”政策之后，中国的园林在原有基础上重新起步、蓬勃发展，在 20 世纪 90 年代之后，出现了新兴繁荣的局面。在这二三十年的时间中，中国的园林取得了空前的成就，这里通过以下的几个实例主要对这个阶段做一个回顾。

1. 上海东安公园

上海东安公园南界龙华西路，北临中山南二路，占地近 20000m^2。原为清代张姓私园，建国后改名为东安苗圃，面积 11300m^2。1980 年开始将苗圃改建为公园，并征用临近土地 7000m^2 以上，1983 年 5 月 1 日局部开放，1984 年 5 月全园开放。

上海东安公园是一座以竹为主的江南庭园式公园。公园布局采用传统院落与现代园林相结合的方法，通过植物、地形、水面、建筑等园林要素组成自然、简洁的园林空间。运用小中见大造园手法创造多种园林意境，避免了单调、俗套。洞门、漏窗、游廊相连，构成重重深院，曲折幽深，环境优雅。园内花墙环绕，院落布局时而幽深，时而开朗；植物种植时而翠竹掩映，时而花木茂盛。

2. 昆明世博园

昆明世界园艺博览园（简称世博园）是 1999 昆明世界园艺博览会会址，设在昆明东北郊的金殿风景名胜区，距昆明市区约 4km。博览园占地约 218 hm^2，植被覆盖率达 76.7%，其中有 120 hm^2 灌木丛茂密的缓坡，水面占 10%至 15%。园区整体规划依山就势、错落有致，气势恢弘，集全国各省、区、市地方特色和 95 个国家风格迥异的园林园艺精品，庭院建筑和科技成就于一园，体现了“人与自然和谐发展”的时代主题，是一个具有“云南特色、中国气派、世界一流”的园林园艺精品大观园。

博览园主要由 5 个展馆、7 个专题展园、34 个国内展园和 33 个国际展园组成。五大场馆：国际馆、中国馆、人与自然馆、科技馆和大温室；七大专题展园：树木园、竹园、盆景园、药草园、茶园、蔬菜瓜果园和会后新建的名花艺石园；三大室外展区：国际室外展区、中国室外展区和企业室外展区。作为世界上唯一完整保留的世博会会址，世博园凭借全世界规模最大、最具原创性的园林园艺大观园独有的历史文化和景观价值，已经成为具有世界性、民族性、园艺性的会址文化遗产。

3. 北京奥林匹克森林公园

北京奥林匹克森林公园总占地 680 hm^2，建设地点在北京市朝阳区洼里乡，奥林匹克公园北部，与奥运场馆及相关设施集中分布的中心区南北毗邻，遥相呼应。整个奥林匹克公园位于北京城市中轴线的北端，也即是说北京城市的传统中轴线贯穿整个奥林匹克公园（图 2-9）。

图 2-9　奥林匹克公园

奥林匹克森林公园的总体规划是对秩序的追求和自然的和谐统一完美结合。在满足奥运会场馆功能基础上，赋予北京城中轴线新的延伸——坐落于轴线北部端点的森林公园，将使这条举世无双的城市轴线完美地消融在自然山林之中。奥林匹克森林公园的设计立意为“通往自然的轴线”——磅礴大气的森林自然生态系统，使代表城市历史、承载古老文明的中轴线完美地消融在自然山林之中，以丰富的生态系统、壮丽的自然景观终结这条城市轴线。

森林公园分为南北两园。南园，占地 380 hm^2，定位为生态森林公园，以大型自然山水景观的构建为主，山环水抱，创造自然、诗意、大气的空间意境，兼顾群众休闲娱乐功能，设置各种服务设施和景观景点，为市民百姓提供良好的生态休闲环境。南园的重要景观景点包括仰山、奥海、天境、天元观景平台、林泉高致、湿地及叠水花台、垂钓区、南入口、露天剧场、生态廊道等，构筑完善的功能结构体系，充实为游人服务的内容。北园占地 300 hm^2，定位为自然野趣密林，将成为乡土植物种源库，以生态保护和生态恢复功能为主，尽量保留现状自然地貌、植被，形成微地形起伏及小型溪涧景观，尽量减少设施，限制游人量，为动植物的生长、繁育创造良好环境。

2008 奥运会已经完满结束，它为北京留下了一份珍贵的奥运遗产——森林公园，成为市民百姓的休闲乐土，城市的绿肺和生态屏障。

第三节 中国园林艺术的持续发展

中国古典园林的发展历史也已划上句号，但她的艺术魅力是永存的，正如杨鸿勋教授指出的："中国古典造园成就的意义，还不止于造园学本身。在现在和未来，它必将成为人类环境创作的极有价值的借鉴。"

"脚踏中西文化"的林语堂，将中国人《生活的艺术》介绍给美国，此书在美国出版后，接连再版四十余次，为十余种文字所翻译，甚至有人读完这书，想跑到唐人街向中国人行鞠躬礼，因为林语堂书中向西方人提供了人类"生活最高典型"的模式，这就是生活的艺术和艺术的生活，一种最富有生态意义的生存哲学，它集中了中国古代文人几千年积累的摄生智慧。

用林语堂自己的话说，他的这本《生活的艺术》是和"一群和蔼可亲的天才"合作的产物，他们有"第 8 世纪的白居易；第 11 世纪的苏东坡；以及 16、17 两世纪那许多独出心裁的人物——浪漫潇洒、富于口才的屠赤水；嬉笑诙谐、独具心得的袁中郎；多口多奇、独特伟大的李卓吾；感觉敏锐、通晓世故的张潮；耽于逸乐的李笠翁；乐观风趣的老快乐主义者袁子才；谈笑风生、热情充溢的金圣叹——这些都是脱略形骸不拘小节的人"[①]。可见，中国古典园林正是生活艺术的集中体现。

一、中国园林艺术的当代魅力

中国园林艺术是中华民族经过几千年层累积淀起来的，"虽由人作，宛自天开"的环境设计理念，具有人居环境生态化的现实指导意义。

当前，基于对人类整体命运的生态焦虑，探求人的生命本体、寻求诗意的栖居已经成为时代的精神指向，集中体现东方最高最优雅的生存智慧的中国园林，艺术的生活及生活的艺术，浸润其间的环境生态观念、厚生哲学等，对重构生态平衡有着十分重要的现实意义。优雅的中国园林，是表现古代文人生命情韵和审美意趣的生活方式，并作为一种生活模式积淀在后代文人的内心深处，在今天，已经作为一种可持续发展的精神资源和可资借鉴

① 林语堂英文原著；越青汉译. 生活的艺术自序. 见：林语堂全集(第二十一卷). 长春：东北师范大学出版社，1994

的艺术资源。

(一)私家宅园的当代复苏

人与自然和谐的宅园式园林,是人类最理想的生活境域。当今人们不会再持有中国古代士大夫文人的心态,需要到传统文化提供的人生模式中找寻精神退路,但返璞归真、回归自然,这是人类的自然天性,是人性的回归,绝大多数的现代人都追求环境的诗化和雅化,很自然地会将眼光投向古典园林艺术。

19 世纪思想家、诗人,美国文艺复兴领袖爱默生说过,人和自然存在着一种精神上的对应关系。喧闹迅疾的现代工业文明社会,时时刻刻需要获得审美抚慰,需要在绿色的、艺术的环境中休憩,需要调节,需要到自然中去谛听大自然生命的律动,去享受生活的恬静,去接受高雅艺术精神的吸引和陶冶。基于此,新时代的仿古式园林成为许多海内外华人的理想选择。在园林甲天下的苏州首先出现[①]。

占地三亩、品位不俗的"悦湖园","处渔洋之麓,东襟香山,西衔太湖",南眺太湖,波涛洄漱,舟楫隐见杳霭间,渔舟歌舫若鸥凫出没烟波,远而益微,仅觌其影,花鸟四时供啸咏,烟霞五色足资粮,有若浑梦出尘,地理优势得天独厚,是旅美华人郑德明先生去国五十载,叶落归根之所,他委托富有构园经验的高级建筑师沈炳春规划设计。

(二)古典园林艺术符号成为当代装饰新宠

当今的住宅建筑、家庭装饰等领域,古典园林的艺术符号为许多业主青睐,表达古雅的审美趣味,营造中国特有的文化气氛,当然,这些艺术符号只是"零件",新的住宅建筑框架是现代的,这是对中国园林传统的本位论意义上的拓展。

中国园林建筑装饰运用的各式雅俗兼容的艺术符号,诸如自然符号、祥禽瑞兽、灵花仙卉、历史人物传说、小说戏文故事、神话仙佛故事、器物以及吉祥组合图案等。这是一种特殊的民族语言,具有丰富的内涵和外延,催人遐思、耐人涵咏。仅古典园林洞门形式就"有圆、横长、直长、圭形、长六角、正八角、长八角、定胜、海棠、桃、葫芦、秋叶、汉瓶等多种,而每种又有不少变化。如长方形洞门的上缘,除作水平线外,又有中部凸起,或以三、五弧线连接而成。洞门上角,简单的仅作海棠纹,复杂的常加角花,形似雀替;或作回

① 曹林娣.苏州园林的"当代版"及其文化意蕴.光明日报,2002,(4)

纹、云纹，构图多样"[①]。窗棂遵时变化，有书条、竹节、橄榄景、绦环、海棠芝花、席锦、万穿海棠、夔穿海棠、定胜、九子、球纹、套钱、波纹、破月、软脚万字、鱼鳞、软景海棠、秋叶等。漏窗图案制式不断新翻，异彩纷呈，同一园林中不得雷同，窗框有菱形、圆形、多边形、折扇形、倒挂金钟、如意、灯笼、宝瓶形、桃形、石榴、荷花等，窗芯花样更是变化多端，卍字、六角景、菱花、书条、绦环、套方、冰裂、鱼鳞、钱纹、球纹、秋叶、海棠、葵花、如意、波纹……足有数千种之多。

上述艺术符号，融文学、书画、雕刻、戏曲、民俗等于一炉，大多为寓意造型，是一种观念和情感符号。许多家庭采用"拐子锦""冰裂纹""六角景"等园林中常用的符号来装饰窗户、飞罩、落地罩等，表达热爱生活、憧憬未来的美好愿望，营造氤氲的文化氛围。有的还将景石搬于阳台。

(三)园林艺术向公共生活领域的渗透

已有13亿人口的当今中国，能够拥有私家园林的只是凤毛麟角。营构可人的公共生活区域，包括居民小区、公园、图书馆以及宾馆、饭店等的园林化环境，成为当今城市规划设计的重要课题。

苏州在城市街坊改造时，借鉴古典园林艺术，小心翼翼地呵护着古砖雕纹、古藤老树，依然是粉墙黛瓦，人们虔诚地挽留着历史，又见缝插绿、拆墙补绿，千方百计地打点着自然。走进改造后的小区，犹如走进了一座园林：从檐口、椽子、雨篷等建筑细部的设计，到入口的牌坊、各弄区的"暗香""疏影"牌匾、对联无不使人联想到苏州园林。

在市区主要居住区处处"留白"：建设面积不少于500平方米的绿化地带称为"小游园"，提供居民观赏和休闲。小游园中，有小亭、假山、小池、修廊等苏州园林小品，小园植物配置、色彩、层次、布局等，处处体现出苏州园林精、细、秀、美的风格。

图书馆、五星级宾馆乃至候车亭，飞檐、门洞、斗栱、漏窗、游廊等也都离不开园林艺术符号，显得古韵悠悠(图2-10)。

---

① 刘敦桢.苏州古典园林.北京:中国建筑工业出版社,2005

图 2-10　候车亭(苏州)

由世界著名的建筑艺术大师贝聿铭设计建造的北京香山饭店,有以“松竹杏暖”“海棠花坞”等命名的庭院景区,人们称之为有“书卷气的高雅建筑”,陈从周誉之为“雅洁明净,得清新之致”①,是建筑与园林结合的典范性作品。

苏州竹辉宾馆、南园宾馆、南林饭店、友谊宾馆等都有美丽的庭园,小桥流水、亭台楼阁,并有诗意浓浓的题名。被誉为苏州园林式星级宾馆的南林饭店,本来就是具有假山、飞泉、绿树成荫,他们又借鉴苏州四大名园的四个代表性景点的式样和装饰,做成四个小包厢,作为高级雅座,并分别借用其原名,即“翠玲珑”(沧浪亭)、“五峰仙馆”(留园)、“香洲”(拙政园)、“真趣亭”(狮子林)。一些小饭店也运用园林艺术元素装饰得很高雅,富有文化艺术品位(图 2-11)。

图 2-11　城市规划馆(苏州)

① 陈从周.中国园林·中国诗文与中国园林艺术.广州:广东旅游出版社,1996

二、中国园林艺术的世界魅力

人类曾走着大体相似的社会发展路途，在精神领域也存在包含有内在规律的相似性。钱伯斯说："像中国园林这样的艺术境界，是英国长期追求而没有达到的。"德国建筑师温泽也承认中国园林是世界造园艺术的模范，他说："除非我们仿效这个民族（指中国）的行径，否则在这一方面，一定不能达到完美的境地。"对中国文化有深刻研究的当代美国景园建筑专家西蒙德说："西方人想像他们自己与自然是对立的，实际上，他那非常夸张的个人的人格是一种幻想。东方显现给他的真理是：他自己的本体，并非是和自然及其他伙伴离开，而是与她和他们同为一体的。"确实，将人类和自然对立起来的观点，是十分荒谬的，是违反自然的。中国古典园林是具有生态优化的人类居住区的典型例证，影响所及，遍及全世界。

（一）中国园林艺术对邻邦的影响

中国古典园林对邻邦特别是对日本、朝鲜、越南等国的影响是直接的、深刻的。这些国家的人民对大自然都采取一种亲近的态度，文化背景和思维模式比较接近，所以，更容易接受中国的自然山水园林样式。日本素以勇于学习、善于学习著称于世界。

日本庭园样式主要有三大类：筑山林泉式庭园、枯山水庭园和茶庭。这些样式，单独存在的并不多，大多为二者或三者互为补充，共存于一园。

三种样式中，"筑山林泉式庭园"可以说是受中国自然山水园直接影响的结果。这类庭园，以水池为中心，加上岛、桥、树木等构成，再现自然风景。大致分以鉴赏为本位的静观式庭园和以动观为主的回游式庭园两种。静观式庭园是通过某一建筑物的门窗或走廊观赏庭园全景，如京都天龙寺、三宝院等庭园。

日本园林许多是出于禅僧和茶人之手，它反映的思想内核是释家的净土宗和禅宗、道家的神仙说，而这些思想或传自中国，或直接源于中国，在中国的各类园林中大量存在。佛教自东汉传入中国，很快融入中国的传统文化之中，特别是禅宗，完全是中国化了的佛教。中国佛教首先传入朝鲜，又从朝鲜传到日本。

日本园林不仅在造园的具体艺术手法上借鉴中国的造园技艺，如常常采用的种树篱作障景、以真山或远山为借景等手法，也是中国古典园林惯用的艺术手段；而且，往往直接采用汉字，进行抒情写意。日本园林中的亭台楼阁，大多悬挂着用汉字题写的匾额。

朝鲜半岛是中国文化传到日本的通路，佛教、园林等都是通过朝鲜传到日本的。早在高丽时代，就有宫苑及离宫御苑、贵族文人的自然式园林和寺庙园林等样式，受到中国园林直接影响。古朝鲜新罗国的文武王，曾派人到唐朝学习园林艺术，建造苑囿，在御苑中作池，叠石为山，象征巫山十二峰，还栽植花草，蓄养珍禽奇兽。现今朝鲜庆州东南月城址附近的雁鸭池，即是苑囿遗址。如王羲之等兰亭曲水宴，很早就传到朝鲜，朝鲜景福宫的曲水池、新罗王朝首都东京（庆州）鲍石亭的曲水迹等。朝鲜园林中也有许多景点题名缘于中国的诗文，如景福宫的“香远亭”和昌德宫的“爱莲池”，都是用宋周敦颇《爱莲说》的意境。

（二）中国园林艺术对欧洲的影响

在18世纪的欧洲曾掀起了一场“中国园林热”。法国艺术史学家热尔曼·巴赞说：“18世纪中，这种花园在欧洲被模仿，先在英国，后在法国。”[①]

中国园林对欧洲的影响，是在17世纪末到19世纪初这段时间。早期波斯人从丝绸之路带去了中国的所见所闻，明清以来的西方传教士把中国园林风貌介绍到欧洲以后，引起西方人士的极大惊异，在18世纪掀起一阵“中国园林热”。马可·波罗描绘中国南宋的宫殿“有世界最美丽而最堪娱乐之园囿，世界良果充实其中，并有喷泉及湖沼，湖中充满鱼类”。

后来自然风致园在英国风靡一时，取代了古典主义的造园艺术，这是英国人独创的花园，但由于受到中国园林艺术的启发，借鉴过中国造园艺术的题材和手法，因而被法国人称之为“英中式花园”或“中国式花园”。著名建筑师沃尔在《建筑学大全》中说：“中国人是自然风致园的创造者。”一时间，仿中国园林池、泉、桥、洞、假山、幽林的自然式布局风格的新高潮在英国各地兴起。

17世纪末，法国掀起了“中国园林热”，1670年，离凡尔赛宫主楼一千米半处，法国路易十四仿中国南京琉璃塔风格建成“蓝白瓷宫”，内陈中式家具，名“中国茶厅”。光达古亥公爵花园由原来的古典主义形式，改成了具有中国味的有叠石、假山的花园。

位于卡塞尔附近的威廉阜花园，是德国最大的中国式花园之一。1781年，在它南面的魏森斯坦地方，面山傍水，造了一所叫“木兰村”的中国式村落，里面全是中式农舍，中央有一座圆形的小庙，有一道木质的“跨越激流的

① （法）热尔曼·巴赞．艺术史．上海：上海人民美术出版社，1989

中国桥”，村旁山溪名“吴江”，一切景物都模仿江南水乡。

瑞典斯德哥尔摩郊区德劳特宁尔摩中式园亭，中间部分为两层，像是正殿，旁边有一层类似侧殿；正、侧殿间以走廊相贯。

欧洲园林水域设置受中国园林艺术影响：首先是水域普遍扩大，水面在花园里占有重要位置，如斯道威海德花园、俄国圣彼得堡的沙皇村花园，都有一片明净的水，倒映着奇特的中国式建筑物。其次，河流和湖泊都不再用整齐的石块砌成几何形状，而是像中国园林那样弯弯曲曲、忽宽忽窄、进退自然。再次是水面同人与建筑物的关系比之先前亲切多了，如瑞典的奥朗宁波姆花园，茶亭脚下就能系舟，人和水之间有了亲切感。

18 世纪的欧洲“中国园林热”慢慢冷却下来了，原因之一是欧洲人最终发现，中国的造园艺术极其难以掌握，没有深厚的中国历史文化的根基是很难造出中国园林来的。

今天，随着中国的对外开放和中外文化交流的频繁发展，西方的“中国园林热”重又兴起，它改变了由西方人自己建造的做法，而是由中国的园艺家设计、制造，而后作为文化产品出口，在西方国家的土地上落户。

1980 年 3 月，美国大都会博物馆的“明轩”正式落成，它是以苏州网师园中的殿春簃为蓝本的明式古典庭园，这是中国古典园林的第一次出口。之后便一发不可收拾，中国古典园林艺术不断被国外所引进。

今天，在世界上无与伦比的苏州园林，已经有拙政园、留园、网师园、环秀山庄、沧浪亭、狮子林、艺圃、耦园和退思园等九个园林被列入了世界文化遗产名录，成为人类的共同财富。苏州园林这枝风雅之花，作为文化产品出口，首先在异国他乡散发出醉人的芳香。

与此同时，苏式园林建筑及小品，也在全国遍地开花：常州的“文笔塔”、天宁寺，南京的“煦园”“四明山庄”，上海的“文庙”，承德的“避暑山庄”，以及 1999 年昆明世博园内的“东吴小筑”等。苏州园林已经走向世界，成为“文化使者”和“永恒的贵宾”。

今天西方人对中国园林的了解和欣赏，也已经进入了一个较高的层次，世界上出现了一批研究中国古典园林的专家，研究水平也是空前的。比如在德国就有了专门研究中国园林的学者，其著作已经达到美学欣赏和美学比较的水平。中国的园林艺术已经在更深广的领域超越了东方的界限，而具有世界性的魅力。

三、未来园林发展展望

(一)多元化的发展道路和艺术风格

未来园林发展的最大趋势不是将发展成某种形式或某种风格的园林，而是必将向多元化方向发展。首先，在全球化的大背景之下，多元化的社会系统、经济系统和文化系统共同构成了园林多元化发展的社会背景。其次，趋于丰富的现实需求对于园林多元化发展直接要求，一方面，对于园林的需求的层次性特征更为明显，社会需求、群体需求和个体需求差异性越来越大；另一方面，需求的性质特征也表现出越来越大的差异，在功能需求、活动需求和审美需求方面都呈现出多元化的趋势。所以，未来的园林设计师应该首先充分理解园林发展的多元化趋势，使自己成为一个既博又专的专业人才。

(二)园林各个要素的创新

随着科技的进步，风景园林建设材料种类不断丰富、应用不断拓展是一种必然趋势，使现代园林景观更富生机与活力。传统材料包括石材、水、土、植物等。这些常见材料在现代园林中依然焕发生命力，且应用领域越来越广泛。近来出现彩色混凝土、压印混凝土、彩色混凝土连锁砖、仿毛石砌块等，以及目不暇接的陶瓷制品如彩釉砖、无釉砖、劈离砖、麻面砖、玻花砖、渗花砖、陶瓷锦砖、陶瓷壁画及琉璃制品等，同时将先进的声、光、电等技术融入园林设计中，大大增强了园林景观表现力。

此外，随着不同行业技术交流的渐趋频繁，风景园林设计师和建设者借用相关领域的传统技术和传统材料，使之在风景园林得到新应用的例子也屡见不鲜。多元化的时代背景将逐步造就更为宽容和豁达的社会心理，这会使得符合适宜原则前提下将更多的相关技术和相关材料引入风景园林建设成为可能。

(三)形式与功能的更好结合

与传统园林的服务对象和装饰与观赏性不同，现代园林面向大众的使用功能已成为设计者所关心的基本问题之一。形式建立在功能之上，并且力求简明与合乎目的。纵观全球范围内的最新成功园林作品，大多数设计师都以形式与功能有机结合为主要的设计准则。

在满足功能之上，一个优秀设计师还应注重设计形式本身的探索与创新，在这方面，美国现代园林大师凯利在以几何为基础的规则形体与空间设计方面所做的探索值得我们学习。他在设计中借助于历史传统的意象，以一种现代主义的结构去重新赋予其新的秩序，这些秩序常常都有十分严格的几何关系。无论是早期哥伦布斯的米勒宅园、奥克兰博物馆屋顶花园，还是后来的北卡罗来纳国家银行广场、达拉斯喷泉水景园，都是建立在与环境相适宜的尺度与比例的网格之后的经典之作。他在使用这些常见材料与基本形体时，用的是严谨的、比例和谐的几何结构，通过在布局形式、空间关系和尺度等多方面的推敲，使这些普通的形式语言产生了令人振奋的效果。

(四)现代与传统的对话

由于传统园林在其形成过程中已树立和具备了社会所认可的形象和含义，借助于传统的形式和内容去寻找新的含义或形成新的视觉形象，既可以使设计的内容与历史文化联系起来，又可以结合当代人的审美趣味，使得设计作品具有现代感。因此，将传统园林作为启迪设计与了解文化传统的场所，将成为越来越多设计师的探索目标。在处理传统与现代之间关系的问题上也将有不同的方式。最常见的是视传统园林为形式或符号的语汇库，在设计中选用“只言片语”的传统形式语汇编织进现代园林之中。另一种处理方法是保留传统园林的内容或文化精神；或在整体上仍沿袭传统布局，在材料的处理方式与形式上却呈现一定的现代感；或保留传统园林中的造园素材，使用现代的新材料、新设计。这种处理方式比前一种更为深入，也更为复杂。它要求设计师既要对传统文化有较深刻的理解与感悟，也要谙熟现代设计中的各种手法。一般认为，在对待传统与现代结合方面来看，这是一种理性的处理方法。

(五)场所精神与文脉主义

文脉主义是 20 世纪 80 年代以来设计师热衷的一个话题，然而，对文脉主义的理解却深浅不一，有一些只不过是对周围环境现有形式与风格的“看齐”或模仿，而对文脉的深层阅读要求深入到一个场所的精神领域之中。从某种程度上讲，每一个设计作品实际上都是在创造一种场所，但是设计师只有更倾心地体验设计场地中隐含的特质，充分解释场地的历史人文或自然物理特点时，才能领会真正意义上的场所精神，使设计本身成为一部关于场地的自然、历史与演化过程的美学教科书。从这个意义说，场所精神和文脉将是未来任何一个负责任的优秀设计师所必须具备的一种精神追求和思维方式。

(六)生态学指导下的园林建设

生态学已成为自然科学与社会科学的桥梁。园林学是研究和揭示地域空间的不同尺度景观生成机理与演变规律,并寻求一个能够实现创造更好状况的、改变现状途径的综合性学科。它是协调不同空间尺度上的文化圈与生物圈之间的相互关系的学科,所以,园林学必须以生态学为基础,园林规划设计必须建立在生态学理论基础之上开展工作。

如果把园林设计理解为是一个对任何有关人类使用户外空间及土地问题的分析、提出解决问题的方法以及监理这一解决方法的实施过程,而园林设计师的职责就是使人、建筑物、社区、城市以及人类生活同地球和谐相处。那么,园林设计从本质上说就应该是对土地和户外空间的生态设计,生态原理是园林设计学的核心。从更深层的意义上说,园林设计是人类生态系统的设计,是一种最大限度的借助于自然力的最少设计。一种基于自然系统自我有机更新能力的再生设计,这样所创造的园林是一种可持续的园林景观。

第三章　中国园林艺术的创作设计

中国古典园林的发展历史悠久，形态多样。长期以来，人们更多地将园林当做一个游憩、娱乐的场所，很少有人对园林的建造理论进行研究。直到明代，才在历史典籍当中有了较多的造园手法的记载，同时也出现了一些著名的造园家。现代园林设计者将传统造园技法加以应用，形成了一套比较完备的理论，在实践中也有十分成功的应用。本章将以中国古代的造园家和造园著作入手，进而论述园林景观的各种构成要素。

第一节　造园家及造园著作

一、古代著名的造园家

(一)计成

计成(图 3-1)是明代造园家，字无否，吴江人，少年时即以绘画闻名，最喜爱五代关同和荆浩的山水画笔意。后来漫游燕京(今北京)、湖南及湖北等地，中年时定居镇江。曾在銮江(今江苏仪征)主持建造"寤园"，另在江都城南建"影园"等。

图 3-1　计成画像

计成亲自参与造园的施工和指挥，在实践的基础上，系统总结了建园理论，撰有《园冶》。计成后半生四处奔波，专门为人规划设计园林，足迹遍及镇江、扬州、常州、仪征、南京各地，成了著名的专业造园家。并于造园实践之余，总结其丰富之经验，写成了《园冶》一书，此书于崇祯七年(1634 年)刊行，是为中国历史上最重要的一部园林理论著作。

(二)张涟

张涟字南垣，清初华亭人。生于明万历十五年(1587 年)，卒于清康熙十年左右(1671 年)，是明末清初著名的造园家，尤其擅长叠山。张涟所布置的园林，深受宋代绘画影响，将山水画中的构图画论应用到叠山理景当中，因石布置，土石相间，颇得真趣。清初张涟受到许多士大夫的尊崇，请他营构私园，如当时吴伟业的梅林、常熟钱谦益的佛水山庄、嘉兴吴昌时的竹亭湖墅等。

张涟有四子，都能继承家业，以第二子张然最为知名。张然的造园活动主要在顺治、康熙两朝曾参与畅春园和玉泉山行宫的营造，另外在江南也参与了一系列的园林营造。

(三)李渔

李渔是清代戏曲理论家、作家，字笠鸿，号笠翁，浙江兰溪人。李渔在戏曲领域颇有研究，常设戏班，前往达官贵人门下演出。著有《闲情偶寄》，另有传奇小说《比目鱼》《风筝误》等 10 种，合称《笠翁十种》。

图 3-2　伊园园景

李渔在传统文化方面造诣很深，并亲自参与造园，如为贾汉复葺半亩园，叠石垒土而为山，阙地寻泉而为池。池中水亭通以双桥、平台曲室奥如旷如。又自己经营伊园（图 3-2），晚年筑芥子园。麟庆鸿的《雪因缘图记》记载："当国初鼎盛时，王侯邸第连云竞侈，缔造争延翁为上客，以叠石名于时。"《闲情偶寄》中有居室部，设计布置别出心裁；种植部，以花木喻人可见昔日士大夫对园中植物选择的标准。此书被后人看作探究古代营造园林的重要书籍。

（四）李斗

李斗字艾塘，又字北有，江苏仪征人。此人博学工诗，精通数学音律。除了《扬州画舫录》外，还著有《永报堂集》《艾塘乐府》《奇酸记传奇》等。由于疏于经史，他放弃了科举，不入仕途，而寄情山水。少年时，遍游名山名水，丰富的阅历和对自然山水的无限热爱，促使他更加关注园林的营建、经营。乾隆十六年（1751 年），李斗回乡为著书收集资料和写作时间，此时正值扬州盐商为迎奉皇帝南巡而争相在平山堂蜀岗一带大筑亭阁，这便是瘦西湖的建设高潮期，望春楼（图 3-3）便是这一时期的建筑。

图 3-3　扬州瘦西湖的望春楼

二、经典造园著作

(一)《山居赋》

《山居赋》(图 3-4)为南朝谢灵运所著,这是谢灵运为自己的庄园始宁墅所作的赋。赋中对始宁墅有着十分详细的记述,内容包括规划布局上涉及的卜宅相地,选择建址、景观组织、道路布设等方面。这些内容在文学作品当中通常是很少出现的,它使得风景式园林升华到了一个新的阶段,增加了后人对山庄、别墅性质的了解。

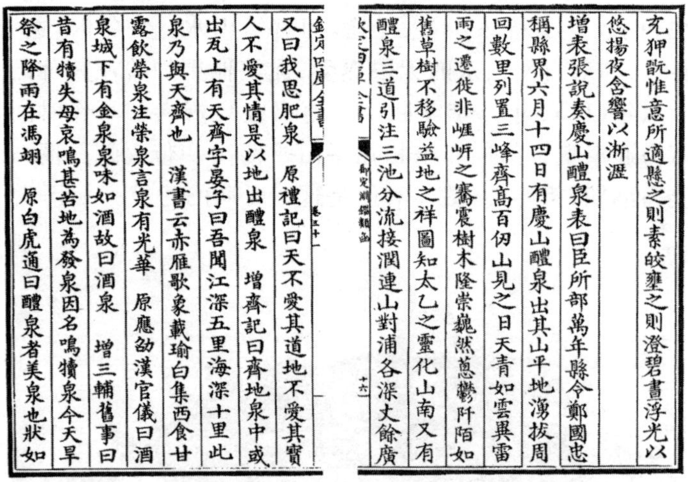

充狎訖惟意所適懸之則素皎蹇之則澄碧晝浮光以
悠揚夜含響以浙瀝
增表張說奏慶山醴泉表曰臣所部萬年縣令鄭國忠
稱縣界六月十四日有慶山醴泉出其山平地湧拔周
回數里列置三峰齊高百仞山見之日天青如雲異雷
雨之遷徙非崕岍之騫震樹木隆崇巍然蔥鬱阡陌如
舊草樹不移驗益地之祥圖知太乙之靈化山南又有
醴泉三道引注三池分流接潤連山對浦各深丈餘廣
又曰我思肥泉 原禮記曰天不愛其道地不愛其寶
人不愛其情是以地出醴泉 增齊記曰齊地泉中或
出瓦上有天齊字晏子曰吾聞江深五里海深十里此
泉乃與天齊也 漢書云赤雁歌象載瑜白集西食甘
露飲榮泉注榮泉言泉有光華 原應劭漢官儀曰酒
泉城下有金泉泉味如酒故曰酒泉 增三輔舊事曰
昔有犢失母哀鳴甚苦地為發泉因名鳴犢泉今天旱
祭之降雨在馮翊 原白虎通曰醴泉者美泉也狀如

图 3-4 《山居赋》影印本

(二)《洛阳名园记》

《洛阳名园记》为宋代李格非所作,李格非即女词人李清照的父亲。内容记述了宋代洛阳的繁华景象,包括各种园林 20 处,有富郑公园、董氏西园、环溪、丛春园、天王院花园子、刘氏园、归仁园、苗帅院、李氏仁丰园、赵韩王园、松岛、东园、紫金台张氏园、水北胡氏园、大字寺园、湖园、独乐园、吕文穆园等。作者以朴实无华的语言,对各园的布局、建筑、风格进行了十分细致的描述,并指出园林的营造与社会政治经济的关系:国盛则园兴,国衰则园亡,只有统治者尽心国事,才能永保园林之乐,反之则国破家亡,无乐可享。

(三)《园冶》

《园冶》为明代计成所著,又名《园牧》,是中国造园名著之一。

全书共三卷:第一卷第一篇为“相地”,造园首先要选择一处合适的地段,再详细研究该地段的地貌形势,然后决定何处可以眺望,何处可以凿池,何处可以建筑。第二篇为“立基”,即园林的总体布局。“凡园圃立基,定厅堂为主。先乎取景,妙在朝南。”第三篇为“屋宇”,即园林建筑,如图 3-5 所示。第四篇为“装折”,即装修。

第二卷“栏杆”。内容是他自己的栏杆纹样图案,选择了一部分附于篇后。

第三卷中的第一、二、三篇分别讲述门窗、墙垣、铺地的常见形式和做法,并附图样。第四篇“掇山”讲述了叠山的施工程序、构图经营的手法和禁忌。

《园冶》作为中国造园艺术发展成熟的理论总结著作,其中所蕴涵的园林创作思想和具体的造园手段或方法,对后来的造园实践,有着普遍性的启示意义和指导作用。

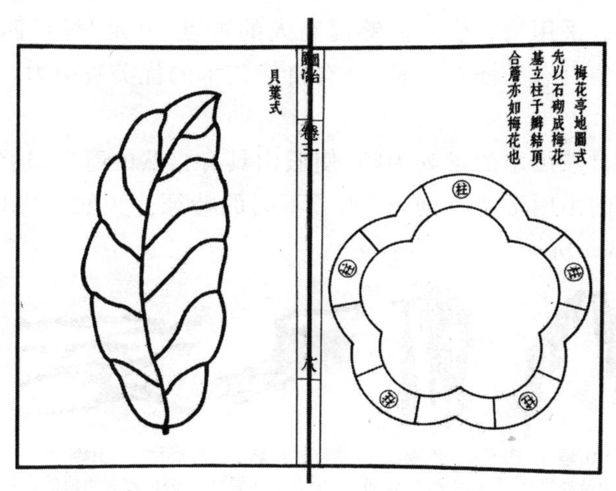

图 3-5 《园冶》中的造亭手法

(四)《扬州画舫录》

《扬州画舫录》为清代李斗所作。扬州在中国历史上,是一个极为繁华的都市,特有的文化背景,造成了扬州园林特别集中的格局。该书成书于乾隆十六年(1795 年),共十八卷,记录了当时扬州的社会生活和景物。其中涉及园林的内容所占比例相当大，书中所记载的园林，都有十分详细的记述。先总叙布局，再依次分述园内景物、布局，使读者对于清代扬州园林有一个全面性的了解。

第二节 园林叠山、理水艺术

一、叠山置石

（一）假山的类型

1. 叠石假山

在中国园林中堆山置石的构景传统经久不衰，主要原因如下：第一，堆山置石可以改造自然地形地貌，提高基地景观品质，增加景物视像变幻，得自然之趣；第二，采用构筑假山能够提高人的视点，满足“极目四顾”的观赏愿望；第三，千姿百态的怪石形象，具有自然艺术的优美吸引力，人们由爱石而产生美感。

叠山应以自然山水的景观为师，使假山具有自然的意境，达到咫尺山林的效果。天然的山因形势不同，构成了不同的特征。天然的山体有以下多种类型，如图 3-6 所示。

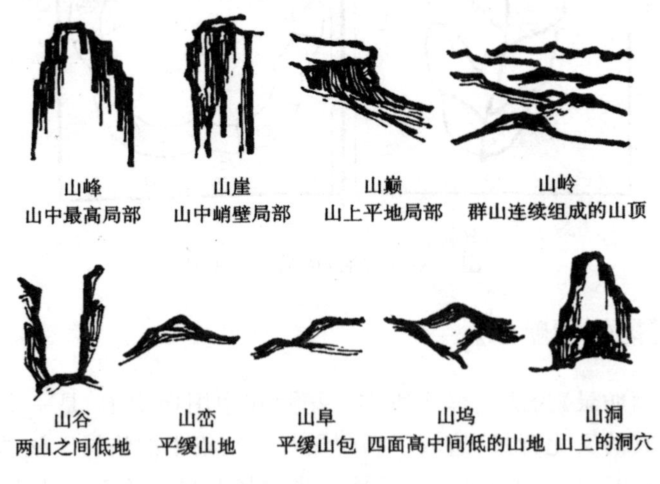

图 3-6 自然山体的类型

峰：山头高而尖者称为峰，有高峻之感。

岭：为连绵不断的山脉形成的山头。

峭壁：山体峭立如壁，陡峭挺拔。

峦：山头圆浑者为峦。

岫：不通而浅的山穴称岫，亦作山之别称。

悬崖：是山陡崖石凸出或山头悬于山脚以外，给人以险奇之感。

洞：有浅有深，深者宛转上下，穿通山腹。

谷、壑：两山之间的低处。狭者称谷，广者称壑。

阜：起伏不大，坡度平缓的小土山。

麓：即山脚部。

叠石指的是堆叠山石构成的艺术造型，要有巧夺天工之趣，不露斧凿之痕。历来有堆石仿狮、虎、龙、龟等说法，但现代设计形式更为多样(图 3-7)。叠石关键在于"源石之生，辨石之灵，识石之态。"，也就是说应根据石性——石块的阴阳向背、纹理脉络、石形石质等使叠石形态优美生动。

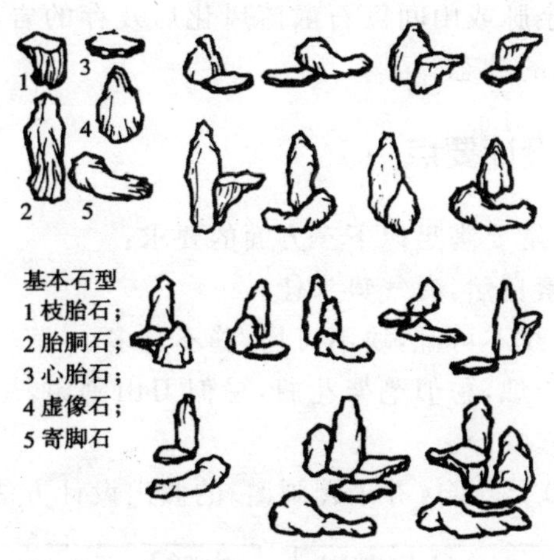

图 3-7　几种叠石类型

2. 置石假山

园林中除了用山石叠山外，还可以用山石零星布置，这种方法叫做置石或点石。点置时山石半埋半露，别有一番情趣。置石可以点缀局部景点，如土山、路边、水畔、庭院、墙角、树下及墙角等，可以起到观赏引导和联系空间的作用。置石有特置、散置和群置的分别。

特置是以姿态秀丽、古拙或奇特的山石或峰石，作为单独欣赏而设置，势头可以设基座，也可不设基座将山石半截埋于土中以显露自然情态

(图 3-8)。峰石除孤置外,还可以与山石组合布置。例如苏州著名的峰石有冠云峰、朵云峰、岫云峰、瑞云峰等。

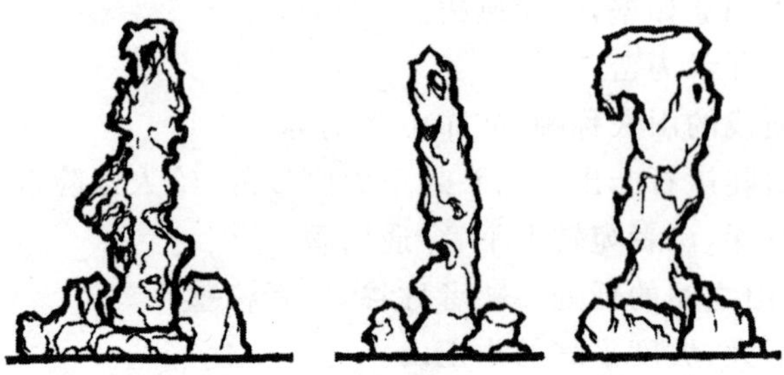

图 3-8　峰石形态

群置是以六七块或更多山石成群布置,石块大小不一,体态各异,布置时前后错落,左右呼应,高低不一,疏密有致,形成生动自然的山石景观。

散置是将山石进行零星布置,有散有聚,有立有卧,通常较为随意。然而,散点之石要不感零乱散漫或整齐划一,而要有自然的情趣,彼此呼应,相互联贯,仿若山岩余脉或山间巨石散落风化后残存的岩石。这种散点山石可以仿效天然山体的神态。

(二)假山的设计要点

假山的设计通常要满足以下三方面的要求:

(1)造型以朴素自然,有气势为佳。

(2)石不可杂,纹不可乱,块不可均,缝不宜多。

(3)忌似香炉蜡烛,忌似笔架花瓶,忌似刀山剑树,忌似铜墙铁壁,忌似城郭堡垒,忌似鼠穴蚁蛭。

图 3-9、图 3-10 是选自《芥子园画谱》的假山设计方法。

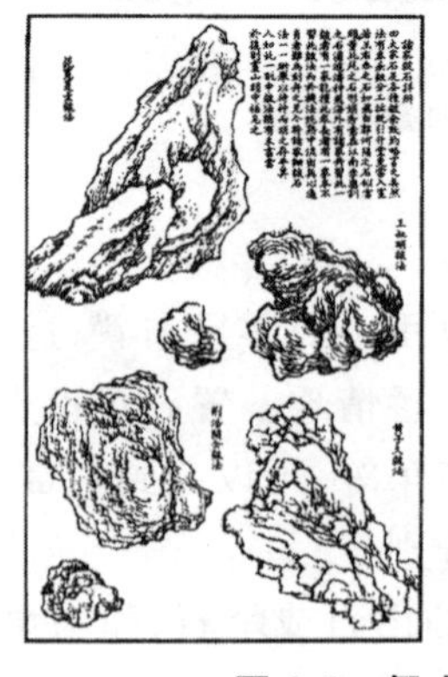

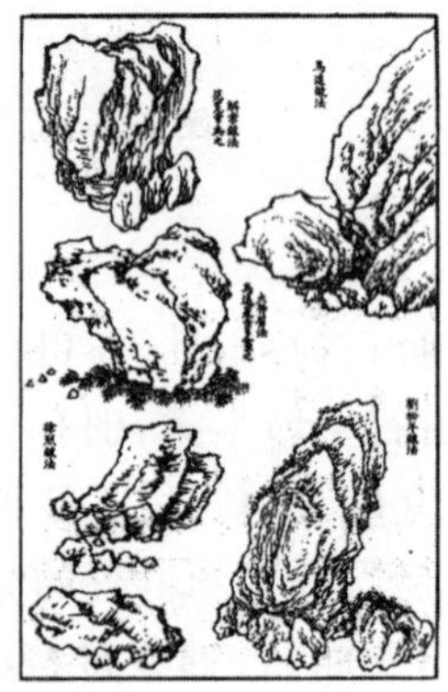

图 3-9　假山的设计要点

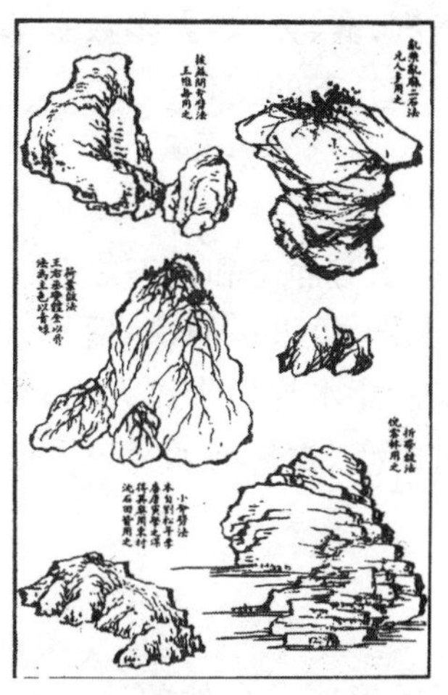

图 3-10　假山的设计要点

二、理水艺术

(一)自然水的类型

自然界的水(图 3-11)有多种形态,像泉、池、溪、涧、河、湖、海等。根据水流走向,以及不同的边界、坡度、力等因素,这些水体形成了不同的景观。

图 3-11　地球上的水循环

虽然水的自然形态多种多样,但物理形态只有三种,即液态、固态(包括雪、冰、雹)和气态(包括蒸汽、雾、云)。大多数水都是液态的形式,遇到温度等因素的影响会出现固态和气态的变化。

1. 液态

液态是水的常态,液态水有静态和动态之分。静态的液体有水的肌理,粼粼起伏的微波、潋艳的水光,给人以明快、恬静、休闲的感觉。动态的水体有流水、喷、溅等多种形式。流水根据水流大小、力量态势等的不同,会出现涓涓细流、湍急水流、悬泉瀑布、惊涛骇浪等多种艺术形式,给人以明快、活泼、富于变化的多种感受。

2. 固态

水的固态呈冰、雪、雹的形式。自然的冰雪是季节变化的象征:冬天的北国风光,千里冰封,万里雪飘,别有一番意境。人们去滑雪、滑冰,甚至在园林中踏雪寻梅,充满了诗情画意,获得美的享受,心情也特十分舒畅。在一些特定的地区还可以进行雪塑、冰雕(图 3-12),情趣盎然,令人向往。

图 3-12 冰雕造型

3. 气态

水的气态以云、雾、小水珠等状态存在,有的已涉及到大气范围。自然界的景观很多都与水的气态密切相关,如黄山的云雾猴子观海,庐山锦绣谷的云雾变幻,西湖的雨意朦胧美景等。天空的云变幻莫测,引发人们的思考和想像,在园林设计中常作为背景。雾给人以迷离的感觉,显得柔和而神秘(图 3-13)。

图 3-13　高山云雾

(二)园林水体的形象设计

在园林的设计过程中，水体常有四种基本设计形态，即静水、落水、流水和喷水，每一种形态都各具特色，与园林景观相得益彰，完美融合。

1. 静水

水的静止状态(图 3-14)，也可以说是储存状态，给人以安静、安定的感觉。自然界中的池、沼等更像一种容器的形状，随地形而存在，富有变化，由于地形的不同而形成各种轮廓。

图 3-14　明秀的桂林山水

静态的水体能反映出倒影，粼粼的微波、潋艳的水光，给人以明快、宁静、开朗或幽深的感受。如湖泊、池沼、潭、井等静态水体，各具特色，在不同的园林当中各有应用。湖泊是园林中的大片水域，具有广阔曲折的岸线和充沛的水量；池沼是一些较小的水体；潭指的是较深的水体；园林中的井多与故事传说相关，可以作为单独的景观。

2. 落水

园林中落水形态一般设计成瀑布，呈现一种流动的形态，垂直方向的急流给人以强有力的印象。落水模式在造园设计中一直被使用，它的立面设计面积不宜过小。既要求有面形的效果，更要有声的效果。

瀑布有挂瀑、帘瀑、叠瀑、飞瀑等形式，飞泻的动态给人以强烈的美感。李白在《望庐山瀑布》中写道："飞流直下三千尺，疑是银河落九天"。可见，自然界中瀑布的宏伟气势。园林瀑布（图 3-15）意在仿自然意境，处理瀑布界面时，水口宽的成帘布状，水口狭窄的成线状、点状，有的还可以分水为两股或多股。下落有直射而下的直落，也可以分成散叠，先直落再在空中散成云雾状或被山石分为许多细流等形式。

图 3-15　园林中的小型瀑布

3. 流水

流水（图 3-16）即水在地表的流动，水流动的形式因幅度、落差、基面等因素的不同，而形成不同的流态。潺潺的流水，根据流量的多少也会有所变化，水的流动形状、流速变化，流水表面的丰富表情都可以作为造园的素材。水流设计与水蓄存的设计一样要以平面为主，空间分隔为效果，它以不停地流动给人以生命感。

图 3-16　林间小溪

流水隐现得当，有收有敛，有开有合，才能构成有深度和情趣的水体空间，藏源、引流、集散三个方面需要特别注意。藏源，就是把水的源头隐蔽起来，不让人看透水的源流处，或藏于石穴崖缝之中，或隐于花丛树林之内，用以造成循流溯源的意境联想；引流，就是引导水体在景域空间中逐步展开，引导水流曲折迂回，可得水景深远的情趣；集散，是指水面恰当的开合处理，既要展现水体的主景空间，又要引伸水体的高远深度，使水景有流有缓、有隐有露、有分有聚而生无穷之意。

4. 喷水

喷水的形态在园林中主要以喷泉的形式呈现，喷泉在造园中应用十分广泛。它能有效增添园林的艺术性和活泼性。泉水既可利用天然泉，也可造人工泉。人工泉有进水管、出水口、受水泉池和污水溪流或污水管等部分。喷泉(图 3-17)为人工整形泉池，多与雕塑、彩色灯光等相结合，用自来水或水泵供水。喷泉的形式多种多样，有单喷头、多喷头、动植物雕塑喷水等。根据喷水方向的不同又有单层或多层重叠等变化。喷泉位置常设于建筑、广场、花坛、轴线交点等处。

图 3-17　喷泉设计

第三节　园林的植物选配艺术

一、园林植物的功能

(一)生态功能

植物在生态保护方面发挥着极其重要的作用，这里以图 3-18 为例进行说明。

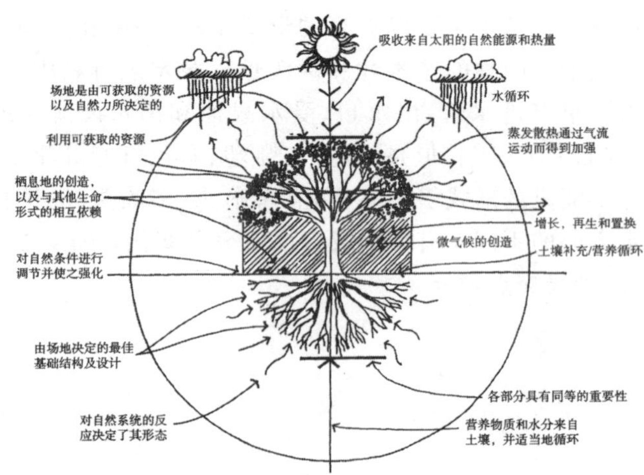

图 3-18　植物面向设计的自然系统模型

(二)观赏功能

自然界的植物多种多样,它们的大小、形状、色彩等特征具有很强的观赏性。

植物的大小直接影响空间范围和结构关系,例如形体高大的乔木具有很强的观赏因素,常常以孤植的方式形成视线焦点,而一些低矮灌木则适宜从植形成景观。

植物的外形具有很多种,各具特色,具体如表 3-1 所示。

表 3-1 植物的外形

基本类型	特征及应用
纺锤形	形态细窄长,顶部尖细;有较强的垂直感和高度感,将视线向上引导,形成垂直空间;如龙柏
圆柱形	形态细窄长,顶部为圆形;如紫杉
水平展开形	水平方向生长,高和宽几乎相等;展开形状及构图具有宽阔感与外延感;如鸡爪槭、二乔玉兰
圆球形	圆球形外形,圆柔温和,可以调和其他外形;如桂花、香樟
尖塔形	圆锥形外形,可形成视觉的焦点;如雪松
垂枝形	具有悬垂或下弯的枝条;如垂柳、龙爪槐
特殊形	具有奇特的外形,如歪扭式、多瘤节、缠绕式、枝干扭曲等,可成为视觉的焦点;如盆景植物

(三)分隔空间功能

园林植物在构成室外空间时,具有构建空间的功能。植物的树干、树冠、枝叶等控制了人们的视线,通过各种变化互相组合,形成了不同的空间形式。

表 3-2　植物构建空间的种类

空间类型	基本特征	图示
开敞空间	空间四周开放，由低矮灌木和地表植物组成	
半开敞空间	空间一面或多面受到封闭，具有方向性，封闭一面多为高大灌木	
覆盖空间	以浓密树冠的遮荫形成顶部覆盖，但四周开敞，类似于森林环境，夏季时显得阴暗幽闭	
垂直空间	利用高而密的植物构成四周直立、朝天开敞的垂直空间，具有较强的引导性	
封闭空间	空间顶部被覆盖，四周也被小型植物封闭，隔离感极强	

二、园林植物选配的原则

植物规划是园林系统规划的重要内容之一。树木是园林绿地的主要材料，树木栽培的成果通常需要几年或几十年才能够体现出来，因此树种的选择直接关系到园林绿地的质量。我们在植物选择上要遵循一定的原则和方法，使园林绿地真正起到美化环境、保护生态的作用。

首先，要遵循“适地适树”的原则，即选择树种时，要充分考虑该地区的自然因素，因地制宜，尽量选择生态习性符合当地环境的树种进行栽培。一般情况下，在某一地区都有乡土树种，这些树种对当地的环境适应性强，应该多栽培，同时也要引进外来树种，进行驯化种植。

其次，选择树种时要以乔木为主，因为乔木的树体高大、覆盖面广、寿命也较长，对改善生态环境的作用比较稳定，应进行重点规划。另外，还要坚持乔、灌、花、草相结合，形成科学合理的搭配，这种立体植物群落能够充分发挥绿地的生态效益，并形成丰富多彩的园林景致。

第三，速生树种与慢生树种相结合。由于不同树种的生长速度不同，规划时注意将两种树木进行综合搭配，这样才能保证在今后若干年时间里树木的数量和质量。速生树种，能够在较短时间里对园林面貌和生态环境产生积极效益，而慢生树种则能够在速生树种进行更换时发挥应有的作用。另外，园林中的树种应该逐步过渡到以长寿树为主，这样能避免树木速度生长过快带来的频繁更换。

第四，还要注意常绿树与落叶树相结合的原则。树种规划既要考虑树木对环境的生态效益，还要考虑景观效益。将常绿树种与落叶树种相结合进行种植，能够实现生态与社会的双重效益。

除了以上的原则，具体实施中还会有一些特殊情况，进而制定符合园林植物生长和发展的新方案。

三、园林植物的种类

（一）乔木

乔木通常形体高大、主干明显、分枝点高、寿命也比较长，是构成室外空间的基本结构和骨架。可作为“骨干树种”或“基调树种”，也可孤植形成视线焦点。乔木品种很多，如香樟（图 3-19）、银杏、榉树、女贞等。

图 3-19　香樟

（二）灌木

灌木没有明显的主干，多呈丛生状态，可阻隔视线，形成垂直空间、半开敞空间；可障景，控制私密性；还可作为特殊景观背景。品种如桂花、石楠、小叶黄杨、栀子花。

(三)藤本植物

藤本植物也称攀援植物,常用于垂直绿化,如花架、篱栅、岩石和墙壁上的攀援物。常见品种有常春藤、爬山虎(图 3-20)等。

图 3-20 爬山虎

(四)竹类

竹类(图 3-21)形态优美,叶片潇洒,干直浑圆,具有很高的观赏价值和文化价值,中国的文人雅士利来喜爱竹子,如苏东坡曾写过“宁可食无肉,不可居无竹”的诗句。竹类的主要品种有毛竹、刚竹、佛肚竹等。

图 3-21 竹林

(五)草坪地被

草坪地被具有独特的色彩、质地,似地毯,可形成植物模纹或缀花草坪,通过暗示形成虚空间。在不宜种草坪处,如楼房阴影、常绿阔叶林下可栽植地被植物,丰富景观层次,如高羊茅草、红花酢浆草等。

(六)花卉

花卉(图 3-22)具有姿态优美、花色艳丽、香气馥郁的特点,通常多为草本植物。可形成自然的花丛、花带和缀花草坪,也可结合硬质景观配置花坛、花台、花境、花箱和花钵等。花卉品种多样,可根据具体需要进行配置。

图 3-22　花卉景观

四、园林植物的种植手法

(一)孤植

园林中的优型树,单独栽植就称为孤植。孤植并不等于只种一棵树,有时为了增强繁茂、雄伟的感觉,也会将两棵或三棵同一品种的树木种在一处。

孤植树必须要有个体美感,例如体形巨大、轮廓富于变化、姿态优美、色彩鲜明、具有浓郁的芳香等树种都可以孤植。另外孤植树还应具备生长旺盛、寿命长、虫害少、适应当地自然条件的特点。

孤植树的种植应选在合适的位置，一般要求空间比较开阔的地方，尽可能用天空、水面、草坪等色彩和背景加以衬托，以突出孤植树在树体、姿态等方面的特色。一般在园林中的空地、岛、半岛、岸边、桥头、树林空地等都可种植孤植树。

适宜作为孤植树的树种有雪松、金钱松、马尾松、白皮松、垂枝松、香樟、黄樟、悬铃木、杨树(图 3-23)、皂荚、重阳木、乌桕、广玉兰、桂花、七叶树、银杏、紫薇、垂丝海棠、樱花、红叶李、石榴、苦楝、罗汉松、白玉兰、碧桃、辛夷、青桐、桑树、白杨、丝棉木、杜仲、朴树、香椿、腊梅等。

图 3-23　孤植杨树

(二)对植

对植(图 3-24)指两棵树或两丛树按照一定的轴线关系呈左右对称的方式种植。对植主要用于公园、道路、广场的出入口，起遮阴和装饰美化的作用。规则式对称一般采用同一树种、同一规格，按照全体景物的中轴线成对称配置。自然式对称是采用两株不同的树木(或树丛)，它们在体形、大小上均有差异，种植在不对称等距，以主体景物的中轴线为支点取得均衡的位置，表现出树木的自然变化。自然式对称变化较大，形成的景观生动活泼。

图 3-24 对植柳树

(三)丛植

丛植通常是由 2 株乃至 9～10 株乔木构成的。有时也在树丛中加入灌木,树木多达 15 株左右。树丛的组合,主要考虑群体美,彼此之间既有统一的联系,又有各自的变化。丛植的树木形成一个整体,但也必须考虑统一构图,表现出单株的个体美。丛植树个体之间可以相对灵活,根据树木数量的不同进行组合搭配。

丛植树的观赏效果比孤植树更为突出,通常可用两种以上乔木搭配,也可乔木、灌木混合配置,还能与山石、花卉相结合。如果丛植树想实现庇荫的效果,宜用品种相同、树冠开展的高大乔木,树下可放置自然形的景石或座椅,以供休息。

作为主景用的树丛常布置在公园入口或主要道路的交叉口,草坪上或草坪周围,水边,斜坡及土岗边缘等处,形成美丽的立面景观和水景画面。在人视线集中的地方,也可利用具有特殊观赏效果的树丛作为局部构图的全景。在弯道和交叉口处的树丛,又可作为自然屏障,起到十分重要的障景和导游作用。

作为建筑、雕塑的配景或背景树丛,为了突出雕塑、纪念碑等景物的效果,应该在植物的选择上注意树丛在体形、色彩与主体景物的对比、协调(图 3-25)。

图 3-25 丛植棕榈

(四)群植

用数量较多的乔灌木配植在一起,形成整体,称为群植。树群灌木一般在 20 株以上,群植树(图 3-26)表现的是整个植物体的群体美。

图 3-26 群植树木

树群的配植因树种的不同,可以组成单纯树群或混交树群。混交树群是主要形式,它采用的树种较多,能够使林缘、林冠形成不同层次。通常情况下,混交树群的组成可以分为四层,最高层是乔木层,是林冠线的主体,要求有起伏的变化;乔木之下是亚乔木层,要求叶形、叶色都要有一定的观赏效果,与乔木层在颜色上形成对比;亚乔木层下面是灌木层,应该布置在接近人们的向阳处,以花灌木为主;最底下是草本地被植物层。

群植树的树种选择,应注意组成树群的各类树种的生物学习性,即外缘的树木受环境的影响大,内部的树木相互间影响大。根据这一特点,喜光的阳性树应植于群外,阴性树木宜植于树群内。树群的第一层乔木应为阳性树,第二层亚乔木应是中性树,第三层分布在东、南、西三面外缘的灌木,接受阳光较多,可以是阳性的,分布在乔木下以及北面的灌木则应该是中性树或是阴性树。

在一些特定区域,当树群面积、株数数量都足够大时,就构成了森林景观又发挥特别的防护功能,这样的大树群称之为林植或树林,即成片块大量栽植乔、灌木的一种园林绿地。

第四节　园林建筑及装饰艺术

一、园林建筑

(一)园林建筑的作用

1. 构造景观

园林建筑的体形极其丰富,或庞大、或轻盈、或奇特,往往成为园区或景点的焦点,与自然环境形成强烈的对比而产生美感。

2. 观景游览

园林中的建筑最重要的功能是供人们观赏游览,人们通常会在休息或就餐时欣赏周围的风景,因此建筑位置选择常常要考虑视线所及之处应有美好的景色。

3. 使用功能

园林建筑能够满足人们休息、游览等各种活动的需求，例如茶室、餐厅能满足人们的餐饮需求，各种亭廊能满足人们游览休息的需求，体育馆能满足人们的文娱活动需求等。

4. 组织游览路线

一些园林建筑布局巧妙，能够引导游人按照一定游线进行游览，从而获得特殊的景观感受，中国古典园林中的廊就是典型代表。

(二)园林建筑的类型

园林建筑按照不同的性质可以分为多个种类，如表 3-3 所示。

表 3-3　园林建筑的分类

序号	园林建筑分类	举　例
1	点景游憩类	亭、廊、榭、舫、楼阁、厅堂、塔
2	文教展示类	展览馆、博物馆、纪念馆、文物保护点、动植物展览建筑、剧场
3	文娱体育类	体育馆、俱乐部
4	服务类	餐厅、茶室、码头、小卖部、摄影服务部、厕所、旅馆、电话亭
5	管理类	大门、办公室、广播站、医疗卫生、温室荫棚、变电室、垃圾污水处理场、供电及照明、供水与排水

从观赏的角度来讲，园林建筑主要包括点景游憩类的亭、廊、榭、轩等。

1. 亭

通常来讲，园林之中的亭(图 3-27)数量最多，传统园林几乎是“无园不亭”，其功能是供人们短暂逗留，《释名》解释为：“亭者停也，人所停集也。”园林中的亭是点景造景的重要要素，在山颠水际、花间竹里置一小亭，会平添无限诗意。亭的形式相当丰富，其平面有方形、圆形、长方、六角、八角、梅花、海棠、扇面、方胜、十字等诸多形式，屋顶亦有单檐、重檐、攒尖、歇山、十字脊等样式。园林的亭构往往因地制宜地选择不同的造型和布局，故有“亭安有式，基立无凭”之说。

图 3-27　湖心亭

2. 廊

廊(图 3-28)是园林内一种狭长的通道,它能随地形地势蜿蜒起伏,其平面亦可屈曲多变没有固定形制,在造园时常起到分隔园景、增加层次、调节疏密等作用。园林中的廊大多沿墙设置,有的紧贴围墙,或将个别廊段向外曲折,与墙之间形成大小、形状各不相同的狭小天井,在当中植木点石,布置小景。还有一些园林,为造景的需要将廊从园中穿越,两面不依墙垣,不靠建筑,廊身通透,使园似隔非隔。另外还有一种上下双层的游廊,用于楼阁间的直接交通,杜牧在《阿房宫赋》中描述的"复道行空",就是这种廊的形式。

图 3-28　竹廊

3. 榭

榭原是一种土台上的木构之物，如今多指水边的小建筑，人们称其为水榭。这种建筑主要起到观景或点景的作用。

4. 轩

轩(图 3-29)是地处高旷、环境幽静的小室，主要用于观景。轩的特征是高敞飘逸，居高临下，具有很强的审美价值。众多文人墨客都以诗词进行描绘，更给他增添了许多诗意。

图 3-29　拙政园“与谁同坐轩”

二、园林小品

(一)园林小品的种类

1. 园门与园墙

园门与园墙(图 3-30)都是园林构景中的重要要素，其中，园门是园林的出入口，一般分为正门和侧门。园门除了起到进出的作用，还能构成丰富的景观。在不同规模的园林当中，园门的形式也各不相同，主要表现在形状和大小方面。

园墙分为界墙和景墙，界墙用来划分园林边界，景墙起到分隔空间、衬托景观、装饰美化的作用。江南的古典园林多为白粉墙，白色墙面与屋顶、门窗具有明显的对比，并能衬托出周围的竹石花木，形成了一幅丰富多彩的艺术画面。

图 3-30　园门与园墙

2. 园灯与栏杆

园灯是园内的照明设施，主要供夜里照明，同时在白天也能起到装饰的效果。尤其是具有中国传统风格的园灯，其装饰园景的作用更加突出。园林当中园灯的设置地点有很多，像园林的出入口、道路旁、喷泉、水池等处皆可。

栏杆是一些外形美观的短柱，按照一定的间距排成栅栏状的构筑物，在园林中主要起到分隔、防护、装饰等作用。栏杆的式样繁多，但在布置时要与周围环境相协调，例如在雄伟建筑环境内，栏杆要整齐严肃，在园路周边及花坛等处，栏杆可以配置的灵活多样。

3. 园桌、园椅、园凳

园椅、园桌和园凳(图 3-31)是供游人坐息、赏景用的，通常布置在人流较多、景色优美的地方，像树阴下、河湖水体边、路边、花架下等都是理想的场所。事实上，这些桌椅本身的艺术造型也能装点园林景色。

园桌、园椅、园凳可用多种材料制作，有木、竹、石、钢铁、塑胶、陶瓷等。园椅、园凳的形式要求造型美观，坚固舒适，同时构造简单，耐日晒雨淋，总体特征要与环境相协调。常见形式有直线长方形、方形，曲线环形、圆形，直线加曲线，仿生与模拟形等。

图 3-31　仿生类园桌园凳

(二)园林小品的设计要点

园林小品的设计应遵循以下几点原则:

第一,要符合功能和技术的要求。园林小品,除了要有优美时尚的外观造型,必须要发挥其应有的功能。例如它们的尺度规格应该根据人的生理构造特点来决定,符合相应的比例尺寸,这样才能给游人带来舒适之感。

第二,富于观赏性。园林小品要以雅致浓缩、富于动感等特点满足人们的审美情趣。所以在设计它们的造型时,要充分考虑体态、气质、表情等因素。

第三,与整体环境相符合。园林小品是园林的重要组成部分,如果它们与周围环境的关系处理不当会造成十分严重的后果。所以,小品的形式设计必须综合考虑,从整体出发,起到点缀园景和美化环境的作用。

第四,满足空间序列的需求。空间序列就是使空间能够彼此渗透、增添层次感。小品设计多以简单、不规则的自由布局为主,又由于它自身具有的独特形态,很容易创造出灵活多变的空间序列。

第四章　中国园林艺术的设计风格

普列汉诺夫说"任何一个民族的艺术都是由他的心理所决定的，它的心理是由它的情况所造成的。"中国古典园林文化反映出一种自然式封闭的风格和内向的心态，这与中国古代稳健儒雅的社会经济、思维习惯以及文化形态是不可分割的。本章将详细论述中国园林"天人合一"的哲学观念与传统思维，以及园林艺术类型与个性等方面的知识。

第一节　"天人合一"的哲学观与园林类型

一、宗教文化对中国园林设计思想的影响

中国古典园林在始终贯穿了中国传统宗教文化思想的基础上，综合了多种艺术表现形式，极致地体现出"天人合一"的哲学思想。儒家、道家和佛教三个派别的宗教文化思想，都以不同的方式和内容阐述了"天人合一"这个共同的精神内涵，给中国园林设计理念、设计手法等方面带来了极大的影响。

（一）儒家"天人合一"与中国古典园林

儒家学派创立的儒家哲学思想是在中国封建社会一直居于正统地位，是中国古代的主流思想，因而被奉为官方哲学。中国古典园林便是以儒家哲学为基础而建造的。

除却我们熟知的"礼治""德治""人治""入世"等政治思想、典章制度、法律规定、道德观念和人生态度等，儒家还有关于"天"的哲学与宗教思想，该思想主张人与自然和谐相处，即"天人合一"。应该说"天人合一"的思想渗透于中国整个的传统文化之中，尤其是对皇家园林产生了更为深远的影响。儒家"礼治"提倡的"入世"体现在艺术上即为严谨性和秩序感，这一点对于中国古代皇家园林来说表现得尤为明显。皇家园林无论是在造园思想还是

在规划布局上，都渗透出浓厚的儒家礼治思想，这使得中国古代皇家园林的形式显得十分规整、对称和有序，表现出不可比拟的雄伟、大气、磅礴的气派。

在此种“天人合一”思想的指导下人们的心境可以更好地融合自然，致使各造园家能够更好的利用各种造园艺术与技术手法在有限的空间中创造出无限的自然美景，从而有效地将自然美与人工美统一起来，创造出人与自然和谐共生的园林体系，达到儒家思想中的天人合一。

（二）道家“天人合一”与中国古典园林

在中国古典园林设计中，经常表现出中国文人或园主的审美情趣和艺术追求。这些体现于园林风格之中的设计思想，很大程度上是受到了道家哲学思想的影响。中国古典园林的造园设计不单单是意境的创造和功能的体现，更重要的是一种对自然的理解和思考，在处理同自然的关系上道家所提倡的是一种不同于儒家“天人合一”观的“道法自然”。“道法自然”是道家哲学思想的核心，对中国园林造园有着深远影响，中国古典园林正是以庄子这种反映自然变化与世界万物而相辅相成的“道法自然”思想作为造园设计的指导原则。

道家思想深刻地影响着中国古典园林的设计与建造，我们可以从古典园林的“有形”和“无形”两个方面的形态中，清晰地看出这种影响。何谓“有形”？有形即指园林实实在在的硬件内容，如严谨巧妙的布局、若隐若现的空间、明确完备的功能、恰当宜人的比例、高超精湛的技术、准确谨慎地用色、简约合理的用材等；何谓“无形”？无形主要是指园林的意境构思和氛围表现，如匠心独运的立意、鸟语花香的环境、诗情画意的情致、静谧安逸的气氛等。运用各种造园处理艺术手法便可于不经意间达到“道法自然”的境界，孕育出中国园林极深的美学思想和博大的文化底蕴。

“虽由人作，宛自天开”，明代造园大师计成在《园治》中所提出的的园林最高精神境界。道家思想为中国古典园林提供了思想观念、空间概念和造园法式上的方法论依据，使得我国的古典园林能够将自然雅致景观与人工造园艺术巧妙结合而形成内外时空流动的统一整体，从而达使得这种精神境界得以真正为人们所企及。

（三）佛家“天人合一”与中国古典园林

中国园林有寺观园林这种园林类型，这种园林在很大程度上是属于佛教信仰与佛教生活的一种特殊的空间活动场所。我国的寺观园林是在佛家思想的指导之下，逐渐形成了综合自然美、动态美、空间美以及意境美的典型园林空间。因而寺观园林在造园思想和造园实践上都体现了如影随形的佛家哲学思想。

自然美：所谓园林其实都是现实自然的微缩表现，寺观园林也不例外，园林之中也有各种自然元素或是仿效自然的造园构件，如山、石、水、植物等自然中必不可少的景观以及颇具人工气息却能表现出自然意味的步廊、小桥、曲径、洞壑等。

动态美：主要是指园内一切非硬件设施，即无形的造园因素，如各种自然的声音以及缭绕的烟雾效果等，为园林增添了一丝乐趣。

空间美：意在通过有限的园内造园因素在仿效自然的同时创造无限的园外空间，以小见大的创造手法使园林自身甚至与浩瀚的宇宙相连接，从而达到一种开阔、飘渺、虚无的状态。

意境美：对意境的追求是我国造园艺术的审美理想，作为佛家最主要的宗派——禅宗对于意境的创造更是有着深远的影响，禅宗的意境理论在于通过对自然的描绘设置而于有限的空间中营造出一种无限的悠然、静谧的禅的意境。

综上所述，中国古典园林充分体现了我国古代三派宗教哲学的精神和内涵。儒家思想中建立秩序的理论，道教中“道法自然”的哲学观点以及禅宗境界中对清净无为的生活的追求等，这些都为中国古典园林情景交融的意境创造奠定了基础。我国古典园林艺术的表现形式始终将自然的存在与人文精神的需求整合起来创造一种“天人合一”的境界，只有这样才能使中国古典园林成就人与自然的和谐统一，从而对世界园林特别是东、西方园林的发展产生深远影响。

二、“天人合一”哲学命题与中国园林类型

在长期的历史发展过程中，中华民族逐渐形成了自己的宇宙观、价值观念、审美情趣、思维方式等，这些都是属于民族心态文化层面的社会心理和社会意识形态，有着独到的特性。这些特性对于中国古典园林的内容、形式、结构、体裁和艺术手法等都产生了深远的影响。其中，以“天人合一”为内涵的文化传统、艺术型的思维方式、摆脱神学独断的生活信念等特有的人文精神，是使中国园林得以区别于世界上其他民族的中国园林的民族特质的最主要的因素。

丹纳指出：“不管在复杂的还是简单的情形之下，总是环境，就是风俗习惯与时代精神，决定艺术品的种类；环境只接受同它一致的品种而淘汰其余

的品种;环境用重重障碍和不断的攻击,阻止别的品种发展。"[①]在世界古典园林类型中,有意大利的台地园、法国的平地园、英国的牧园、日本的水石庭,中国则是以"可居可游"的自然山水园为基本类型。中国园林艺术创作的最高准则是"虽由人作,宛自天开""外师造化,中得心源",即得自然之道,获得人之精英,生成艺术生命,从自然中感悟出生命真谛、宇宙隐语,自然因人的情思而包裹感性及生命,由此孕育并上升为容量极大、辐射力极广的审美意象。"文章是案头之山水,山水是地上之文章"[②],"文人园是主观的意兴、心绪、技巧、趣味和文学趣味,以及概括创造出来的山水美"[③]。中国人这种深沉的山水自然意识,使中国园林成为自然山水园的精神发源地。

(一)"天人合一"的宇宙观与自然山水园

"天人合一"的哲学观念与美学观点是中国自然山水园的创作原则,在自然山水园的造园艺术中有着非常具体的体现,中国自然山水园淋漓尽致地反映了纯任自然与天地共融的世界观。

中国古代哲学宣扬人与自然的统一与和谐,提出了"天人合一"的理论命题,以天人合一为最高理想,体验自然与人契合无间的一种精神状态,成为中国传统文化精神的核心。这是在承认了天人之间的区别基础上提出的,与初民"物我不分"不同,也承认人对自然有调整的作用,反对毁伤自然,反对盲目损害自然环境。各个时期对于"天"的认识并不一致,殷周时代的"天"有时指超自然的至上神(人格神)。春秋战国时代的"天",已经由至上神过渡到自然之天,即自然界的苍苍天空:孔子所说的"天",是由"至上神之天"到"自然之天"的过渡形态。孟子的"天",有本体论意义,也具有认识论意义。庄子的"天",有明显的自然性,也代表着一种自然情状,或叫天性、本性。荀子的"天",撕去了"天"自西周以来覆盖的层层宗教面纱,把"天"还原成客观存在的自然界。宋明时期,唯物主义思想家以"气"讲天,指物质世界之总体;唯心主义思想家以"理"讲天,指最高原理、最高理念。对"天人合一"的内容所指也不同,如汉董仲舒的"天人合一",含牵强附会内容;宋张载"天人合一",主要肯定人与自然的统一。《西铭》曰:"乾称父,坤称母,予兹藐焉,乃混然中处。天地之塞吾其体,天地之师吾其性,民吾同胞,物吾与也。"这段话将天地比作人之父母,天地与人皆由"气"所构成。天地之本性与我之本性是相通为一体的,万类万物和而不分你我。清王船山强调"天人

---

① (法)丹纳.艺术哲学.84。

② (清)张潮:《幽梦影》卷上。

③ 汪菊渊.中国园林.1981年1期。

合一”并不在于外形和表面的同一,而关键在于一种“道”和“规律”的合一。总之,“天人合一”精神贯穿了我国整个古代文化思想史,制约着人们的思维、言行、人格理论,渗透到中国古代文化的各个领域,包括中国古典园林文化。

中华民族在与自然保持亲和、感应和相互交融的关系中,很早就发现了自然美,对自然美有着独特的鉴赏力。道家主张“以人合天”,提出“法自然”“法天贵真”,认为只有顺应回归自然,进入“天和”状态,才能达到常乐的至境;儒家追求天道,“以天合人”,重在探求人的生命和生存之道。所以,中国的古典园林成为“艺术的宇宙模式”[①]也是必然趋势。对于这一点,法国艺术史家热尔曼·巴赞深有体会,他说:“中国人对花园比住房更为重视,花园的设计犹如天地的缩影,有着各种各样自然景色的缩样,如山峦、岩石和湖泊。”[②]中国园林在营构布局、配置建筑、山水、植物上,竭力追求顺应自然,着力显示纯自然的天成之美,并力求打破形式上的和谐和整一性,模山范水成为中国造园艺术的最大特点之一。

基于天人合一的思维模式,人们往往不将天堂人间、此岸彼岸等分成两个世界,而是浑融为一,所谓“浑万象以冥观,兀同体于自然”[②],因而,从根本上缺少形成宗教的思想基础。先秦时代,中国主要哲学流派儒、道、墨三家,都高扬实践理性精神,以自己为本位,冲淡了宗教意识。占中国文化主导地位的儒学不以对于上帝、神的信仰为道德的根据,而强调人本主义的道德观,不讲鬼神,形成了唯物主义传统。道教与西方禁欲主义的宗教也不同,具有世俗化、现世化与迎合人的现世欲望的特征。道教追求的是宇宙中的万物永生,因为道教的宇宙观中是不存在需要去征服的神的,修行只是用以达到目的的一种方法。中国古代文人所信奉的主要也就是禅宗,它作为儒、道两家精神支柱的补充,并不走向空寂,只是想让个人的荣辱得失在佛教中淡化、消融,以求得心理的平衡和心灵的安宁。“在禅学看来,人既在宇宙之中,宇宙也在人心之中,人与自然并不仅仅是彼此参与的关系,更确切地说是两者浑然如一的整体”[③]。这是天人合一精神的特殊体现。

摆脱神学独断的生活信念,具有强烈的人文精神,正是我们中国文化之长。这一点,日人伊东忠太看得很清楚,他在《中国建筑史》中对中国文化现象作了如下分析:

祭天地山川者。乃祭天地山川之本物,似非信天地山川灵而祭其灵也。

---

① 王毅.园林与中国文化.上海:上海人民出版社,1990

② (法)热尔曼·巴赞.艺术史.上海:上海人民美术出版社,1989

③ 洪修平,吴永利.禅学与玄学.杭州:浙江人民出版社,1992

又祭祖先者。亦非信祖先之灵魂不灭而祀其灵魂也，只对已死之祖先，视为如生，而事奉之耳……儒教虽说祖先之祭祀，实无宗教的意味，只表示不忘祖先之恩，出自一种道德的意味耳……道教方面，虽说神仙说搪异，而此神仙乃实在的神仙，非灵界之物，与印度教等之所谓神者不同，酥教之所谓神者亦异。即道教亦非有深刻意味之宗教也。其后佛教传入，道教为之对抗计，乃加整理而成一种宗教之形式……各国建筑中，最壮大、最美丽者为宗教建筑：如日本古今最伟大之建筑为奈良东大寺堂塔，罗马最伟大者为圣彼得教堂；东罗马最庄严者为圣苏菲亚教堂；英国最豪壮者为圣保罗教堂；埃及最魁伟者为金字塔及加纳克祠庙。中国最巨大最美丽者，则为北平故宫之太和殿，其面积有六百十三坪（坪，合一亩三十分之一）。其次则为北平迤北明陵（长陵）之隆恩殿，凡五百八十坪。至于宗教建筑。曲阜文庙之大成殿，三百五十坪，当居第一。道观佛寺三百坪以上之建物极少[①]。

与作为中国文化发展的基础性缘由和深层次根源的“天人合一”思想传统相反，西方的文化思想传统，从古希腊的本体论到近代的认识论，主客二分的基本思路始终占主导地位，构成了中西文化的本原性差异[②]。西方基督教宣传“原罪”说，显示独立的人文精神和狂热的宗教色彩。深受理性思维影响的西方人个性趋于外向发散，讲求的是分别与对抗，对自然的态度也是如此，西方人对大自然持进攻型、征服型态度，强调人与自然的对立和斗争，甚至高喊“战胜自然”，却发现人类已经破坏了自己的生存条件。当然，西方也有重视人与自然融合的思想家，但不占主流，这就决定了西方古典主义园林的特点。

（二）“外适内和”的生活观与中国园林的“可居可游”

基于“天人合一”的宇宙意识、以“和”为贵的哲学信念，中国古代的士大夫们往往把与自然界的“外适”，导致身心健康的“内和”作为人生的最根本的享受。白居易《庐山草堂记》说庐山草堂能使他感到“外适内和，体宁心恬”，“庐山以灵性待我，是天与我时，地与我所。卒获所好，又何以求焉！”表达了他在与大自然发生关系时感到的身心俱适、恬淡自甘的心理。“内和”，重在心灵境界的平和恬静，悠闲自在，任随自然，与世无争，享受一种超然物外的情趣和乐趣，是“和”的精神体现。在这里，白居易“适”与“和”，具有追求个人人生快乐之意，和孟子“独善”内涵并不相同，应该包含着“或退公独

---

① （日）伊东忠太．中国建筑史．上海：上海书店，1984

② 朱立元，王振复．天人合一．上海：上海文艺出版社，1998

处，或称病闲居，知足保和、吟玩情性”[①]之意，也就是“养志忘名”、“从容于山水诗酒间”[②]，所谓“高人乐丘园，中人慕官职”[③]。园林更多的是士大夫体认“天人之际”最理想、最和谐的胜境。“非徒逃人患、避争门，谅所以翼顺资和，涤除机心，容养淳淑，而自适者尔”，“荫映岩流之济，偃息琴书之侧，寄心松竹，取乐鱼鸟，则澹泊之愿于是毕矣”[④]。唐刘长卿诗日：“藜杖全吾道，榴花养太和。”[⑤]宋陆游诗日：“莫笑蓬门雀可罗，老农正要养天和。”[⑥]

《老子》主张“冲气以为和”、《荀子》以为“万物各得其和以生”，而儒家更是强调以多样性的统一即“和”为价值的最高标准。“和”揭示了宇宙运动的规律，是自然的最佳境界和终极状态。“和”作为古代哲学的一个典型的基本范畴，含有重要的理论意义。一个“和”字反映了中国哲学的民族特质，体现出中国文化的整合性，同时，又是几千年来我们民族心理的积淀，中国园林艺术形式也体现了“和”这个准则的精神内涵，如主张人与自然之间的和谐、自然与建筑之间的协调、动静的统一，对淡泊、平和、清新、幽远的推崇等。强调与自然的亲和关系，注重和谐和中庸。

有私家园林的“士”民阶层，或先仕后隐，或终身不仕，或亦仕亦隐，或隐于留司间，他们皆足以温饱，具有风雅之怀，徜徉山水，乐逸林泉。山水是中国园林的基本物质构成。儒家审美观念有着一种独特的心理特点。孔子对于自然美有着这样的看法：“智者乐水，仁者乐山。智者动，仁者静；智者乐，仁者寿。”（《论语·雍也》）。自然景物以其形体、色彩、光影、声响等形式因素构成和谐的整体，作用于人们的感官，给人们的身心以潜移默化的影响。儒家把大自然作了“人化”，认识到人与自然在广泛的样态上有某种内在的同形同构的关系，从而可以互相感应交流。仁者比德于山，智者比智于水。

山是静的，它长育万物，阔大宽厚，坚实稳定，清新爽快，容易使人养成朴素忠诚、凝重敦厚的情操；“仁者不忧”，宽厚得众，稳健沉着，有“静”的特点，故仁者乐山。水是动的，它川流不息，能委曲宛转，随形逐势，千变万化，这种形态能启发、活跃人的智慧；“智者不惑”，捷于应对，敏于事功，具有“动”的特点，故“乐水”。这里的“乐”，是人对自然美的感受和喜悦，并不是某种功利上的满足。山水能影响人的气质情绪和性格，是儒家审美观的一

① 唐·白居易：《与元九书》。

② 唐·白居易：《江州司马厅记》。

③ 唐·白居易：《咏怀》。

④ 《全上古三代秦汉三国六朝文·全晋文》卷一百三七戴逵《闲游赞》。

⑤ 唐·刘长卿：《同姜浚题裴式微余千东斋》见《全唐诗》卷一百四十九。

⑥ 宋·陆游：《蓬门》，见《剑南诗稿》卷二十七。

种,也显示了汉民族对自然美欣赏的一个重要特征。中国古代士大夫文人具有内向型的人格取向,即善于通过调节自身以适应外在自然,达到内和和外在的双重和谐的另一种自由。中国古典园林,竭力营造与大自然谐和的自然氛围,建筑物随形高下,融进大自然之中,风流倜傥的园林主人在这里感到了"内适外和"。

古人讲究"七胜""八德"。北宋沈括在《梦溪自记》中提出"隆石、奇峰、灵泉、深潭、老木、嘉草、新花、视远"的"七胜"之说。陈继儒将《避暑录话》中提出的"不责苛礼,不见生客。不混酒肉,不竟田宅。不问炎凉,冰闹曲直。不徵文逋,不谈仕籍。如反此者,是贩牛店,贩马驿也。"归纳为"八德"。陈继儒主张澄怀心闲、不与世事,以崇尚自然为山居之法:"山居有四法:树无行次,石无位置,屋无宏肆,心无机事。"①

明末以来的园林最崇尚郊野别墅园,山间村野,水边林下,和优美的自然环境融为一体。如明末徐俟斋先生隐居的"涧上草堂",得到清沈复的激赏:"村在两山夹道中,园依山而无石,老树多极迂回盘郁之势。亭榭窗栏尽从朴素,竹篱茅舍,不愧阴者之居,中有皂荚亭,树大可两抱。余所历园亭,此为第一。"②幽旷、朴野,爽朗大方,在此或歌或啸,确可大畅其怀。

生活在"可居可游"的园林中,是怡性养寿的最佳所在。中国古典园林,无论是城市山林还是山庄别墅,都是大自然的艺术升华,是人化了的自然。那里,水木明瑟,浓翠凝碧。四季有不谢之花,四时有不同之景,乐亦无穷尽。

东西方人很早就已经认识到大自然具有的治疗疾病的功能。园林植物花木也是园林重要的物质建构,绿色植物有净化空气、吸收噪音、调节改善小环境的气候、吸收紫外线、提供绿荫、防止眩光等功能,它不但能通过光合作用和基础代谢,呼出氧气,而且能吸收二氧化碳、二氧化硫、氯气等对人体有害的气体。民谚有"花中自有健身药"、"七情之病也,香花解"之说。赏花乃雅人逸事,植物散发的香气,不仅能使人精神爽快,而且具有消除疲劳、医治疾病的功效。"内和"与中国传统医学所论的核心"养神"是一致的。所谓春山淡冶如笑,宜游;夏山青翠欲滴,宜观;秋山明净如妆,宜登;冬山惨淡如睡,宜居。符合传统养生学中"和于阴阳,调于四时"之说。

(三)"返璞归真"的审美境界

老庄提出的"道法自然"之说,是对中华民族审美观影响最大的一条哲

① 明·陈继儒:《岩栖幽事》。

② 清·沈复:《浮生六记·浪游记快》。

学美学原则。“道法自然”追求的是自然、含蓄、冲淡、质朴，崇尚不事雕琢的天然之美，排斥镂金错彩的富丽美。老子教人“见素抱朴，少私寡欲”，说“五色令人目盲，五音令人耳聋”，“信言不美，美言不信”，即素朴是最美的，破坏了素朴，人为的雕饰是不美的。中华民族之所以会产生这种审美观念，主要是由于中国文化中少了一层宗教或上帝的压迫，少受残酷的宗教战争的影响，多一层循自然本性，所谓竹篱茅舍也心甘。

《庄子》中主张“法天贵真”，赞美“天籁”，说“淡然无极而众美从之”，“素朴而天下莫能与之争美”。[①] 其论美并不绝对排斥雕琢，并不简单地否定人为的艺术，只要能在精神境界上进人任其自然、与道合一的状态，亦即“心斋”和“坐忘”的状态，使“天地与我并生，而万物与我为一”，那么，他所创造的艺术也就可以与“天工”一般无二。即“既雕既琢，复归于朴”[②]了。道家学派认为，人是自然的一部分，完全必要和可能与自然达到统一，即“天和”，“与天和者，谓之天乐”[③]，“天乐”就是人与自然的统一所达到的自然美。庄子认为最美的音乐是“天籁”“天乐”，特点为“听之不闻其声，视之不见其形，充满天地，包裹六极”，这是老子“大音希声，大象无形”的美学思想的具体发挥。追求天地之大美、无限之美。庄子把自然朴素看成一种不可比拟的美，雕削取巧犹如“丑女效颦”。老庄这一美学思想深刻地影响了中华民族的审美意识和中国艺术的发展。《淮南子》重“自然”；王充重“真美”；刘勰“标自然为宗”；钟嵘倡“自然英旨”；皎然推崇“真于性情”“风流自然”；司空图“冲淡、高古、典雅、自然、含蓄、精神、缜密、疏野、清奇、实境、超诣”诸品中论列的审美现象，基本上都可归人素朴之美的范畴。苏轼推崇“天成”“自得”“发纤裱于简古，寄至味于淡泊”；汤显祖“一生儿爱好是天然”，这都是明显受到道家思想的影响。“自然”“素朴”成为踞于阳刚、阴柔两大审美范畴之上的最高的审美范畴。自魏晋至隋唐，以陶渊明、王维为代表的中国文人诗画，就已经以自然为宗，宋文人画勃兴，自然美成为艺术的主导目标，自此，返璞归真成为中国文人最高的艺术审美境界。欣赏无尘世的喧嚣、朴素有真趣的自然山水，以能在青山绿水中获得精神自由为快活，以栖丘饮谷为高，一丘一壑自风流。园林以“虽由人作，宛自天开”的“天趣”为最高境界，以区别“俗气”或“匠气”的作品。正是这一审美理想在艺术实践中的理论概括。

北京颐和园西借玉泉山及燕山，方使人获得“悠然见南山”的“真意”。私家园林更以情韵取胜，以追求平淡精致、幽雅脱俗的意境美为极致，园中

① 《庄子·天道》。

② 《庄子·山木》。

③ 《庄子·天道》。

云峰石迹，迥出天机，参乎造化，以妙合自然、假中见真、不见人工痕迹为重要的美学特色。张陶庵在苏州东山所叠假山，人居其间，能够使人几乎忘了东山之为山。将假山当作了真山，而真山反倒觉得好似假山了。这些都强调了园林选址、布局处处注意与大自然的融合。曹雪芹在《红楼梦》中发表过高见："天然者，天之自然而有，非人力之所成也"，如果"远无邻村，近不负郭，背山山无脉，临水水无源，高无隐寺之塔，下无通市之桥，峭然孤出，似非大观"，"正谓非其地而强为地，非其山而强为山，虽百般精而终不相宜……"

素朴而富野趣，回归自然，进入"天和"常乐的至境，就成为中国园林的追求。不仅寒素文人如此，富贵之家、皇帝，审美情趣也都雅化、士人化，主张去奢华，回归自然，追求田园风光、乡间野趣。比如隋唐西苑和北宋汴梁的寿山艮岳，皆融人工美于自然，崇朴鉴奢，以素药艳。无雍容华贵之态，具松寮野筑之情。清代承德避暑山庄，茅亭石驳，苇菱丛生的"采菱渡"，颇具乡津野渡气息；山区不少石桥，不用雕栏；湖区的桥也多带有树皮的木板平桥，水位以下驳岸，作水草护坡的自然水岸处理。建筑物"无刻桷丹楹之费"。

寺庙道观园林中的建筑也不乏这类天然素朴的建筑。如中国道教发祥地的青城山有一种人为的亭桥，以木为柱，以树皮当瓦，藤萝栏架，竹篾捆扎，散落于曲径间、茂林里、飞拨瀑边、巨石旁、山颠上，与大自然浑然一体。"梵宇琳宫棋布云岩，楼台亭阁星罗幽岫"的峨眉山化城寺，有"木皮殿"，唐贾岛《送卧云庵僧》诗有"下视白云时，山房盖木皮"句咏及之。

(四)人文精神与中国园林的隐逸主题

1. 隐逸文化与中国古典园林

儒家以人本主义的道德教育代替宗教信仰，追求美感和乐感，而不是西方的苦感和罪感，比宗教的道德观要高明得多。突出人文主义精神成为中国文化的重要特征，这使得中国人形成了寓善于美的古典审美观，成为中国古典园林艺术正宗代表的士大夫文人园林的文化主体精神，也就是文人园林成为隐逸文化基本载体的思想渊源。

"士"是我国古代产生的一个非常有特点的阶层。在中国封建社会，在体现士人意趣和精神追求的文化艺术领域内，始终存在着内蕴极其丰富的隐逸文化体系，包括士人园林、山水田园诗歌、山水画等，所以，王毅认为在世界文化范围内，园林与那样众多文化门类共同构成一个结构高度完整、内涵极其丰富的“隐逸文化”体系绝无仅有。[①]

中国古典园林充分体现了中国古代人本主义哲学观和道德观。在世界上，人类曾经构想过天堂美景，如：希腊的“奥林匹斯神山”，基督教的“伊甸园”，佛教的“极乐世界”，中华先民的“蓬岛瑶池”等，但只有中华民族创作的园林，才真正将幻想中的神仙宫苑建到了人间。

儒家坚持以人为本位的哲学，以人为终极关怀。道家庄子学派和儒家一样，也是充分地肯定着个体生命的价值，以“道”为本位，“以道观之，物无贵贱”[②]，因而批判儒家的等级制度，包括儒家所标榜的仁义道德。

古代哲人重视的是哲学的价值观，如义理、理欲与德力等，而十分鄙视并超越那种追求声色货利、崇拜金钱或权势的庸俗价值观。中国古代以“人”为本位的哲学，是建立在承认人不仅有功用价值，即社会价值，还具有内在的价值基础之上的，这内在价值就是人的自我价值，主要指人独具的人格价值，即具有独立的意志、并具有道德的自觉性。在“天人合一”观的影响下，人们认为人之区别于禽兽，在于人的心性是与天相通的，天道即人道，于是，便铸造了一种“内圣”的人格模式。

“人格”，古代称之为“人品”，是中国古典哲学的一个中心问题，“成人”即完备的人格，而非崇高的人格，在孔子眼里，崇高的人格称为“仁人”，如伯夷、叔齐；比仁人更崇高的人格称为“圣人”。《魏氏春秋》：“士有百行，以德为首。”重履践、重力行，明心见性，知行合一，才是完善人格的途径。士大夫文人基于对所持的“道”的信念，养成了强烈的风节操守意识，强调在权势、富贵面前，知识、道义的代表者应该自尊、自重与自强。强调道德人格的崇高价值，认为人应提高道德的自觉而不屈服于权势。

但是，我们都知道的一个事实就是，封建专制制度的一个特点就是压抑人们的独立人格。汉代搞“党锢”、明代设“廷杖”、清代兴“文字狱”，都是用来摧残士气、禁锢思想的，是王权压制知识分子的措施。尽管如此，先秦以来坚持人格尊严、重视社会责任心，成为中国知识分子人文精神的主要内涵，并形成悠久的传统，知识分子以气节为尚，历代都有特立独行之士，他们或以牺牲自己来“殉道”，或以不同的方式勉力保持自己的“人品”，其中园林就成为他们净化灵魂、保持独立人格的一方净土。士大夫们往往通过园林，实现人格的自我完善，并将追求并标举的人格完善，写入园林的题咏中，于是，在园林中就出现了诸如求志、养真、寄傲、洗耳、遂初、坦荡、澹泊敬诚、澡身浴德、濠濮间想、颐志、澹心等直抒胸臆的园林及景点题名。

---

① 王毅．园林与中国文化．上海：上海人民出版社，1990

② 《庄子·秋水》。

“隐逸”成为中国古典园林尤其是私家园林的基本主题，除了上述大的社会文化背景，还受到在封建社会中形成的全社会的价值观、历史上“隐逸高人”作为榜样的“原型化”范式意义以及教育、审美的定型化、士大夫文人和整个社会的中庸心理以及农、渔樵——中国传统文化的“一主二副”、隐逸江湖、回归田园、栖息山林的安全性等影响。[①] 隐逸方式的选择，却也因时代不同有所不同。中唐开始，文人士大夫白居易总结出“中隐”这条路。而“隐在留司官”，则成为士大夫文人找到的一条最理想的道路，在政治上，他“中和”了出仕与隐居的矛盾；在生活上解决了“冻馁”之病，有了稳定的经济来源；在精神上又得到了满足。白居易“隐在留司官”其实就是孔子说的食禄，出淤泥而不染，也就是王维式的“亦官亦隐”。只是白居易将“中隐”与自己家的私园联系了起来：

进不趋要路，退不入深山。深山太漫落，要路多险艰。不如家池上，乐逸无忧患……富者我不愿，贵者我不攀[②]。

这样，园林成为“中隐”者的最合适的载体。清范来宗在《寒碧庄记》(今苏州留园)中引述园主刘蓉峰的心理时写道：

蓉峰世居莫厘峰下，面临具区七十二峰，拖青横黛，争妍献媚，诚山之巨观。应不复沾沾于一丘一壑者。然当风雨晦冥，波涛声作。伊人宛在，溯回无从。而居城市者。冠盖幢幢。尘事胶葛，每次羡山林。诧为神宅。良有者之难兼也。今斯园也，山水毕具，树石嵌崎。有鸢飞鱼跃之趣，无望洋惊叹之险；佳晨胜夕，良朋咏歌。有翕然意远之致，无纷尘嚣之虑。

生理需求与精神欲求在一方小园中得到了两全。以苏州园林为代表的中国文人园，作为避世远祸、澡溉心志的特殊载体，诞生在血火交迸的魏晋南北朝时期，自此，“静念园林好”，徜徉泉石、盘桓林木，便成为士大夫文人的传统心理积淀和稳定追求。文人们将内心构建的精神绿洲精心外化为“适志”、“自得”的生活空间。苏州文人园犹如一首首陶渊明的《归去来兮辞》、王维的《辋川诗》、王羲之的《兰亭序》，文气氤氲，清雅、超逸，无尘土气、凡俗味。园林的主人(包括参与设计规划者)均为文学家、学者、诗人和画家，属于知识阶层，他们中的大部分人，信守的也是先哲的道德观、价值观和人格意识，立足于心性修养，在官场上或敢于同邪恶势力作斗争，或致力于“救疗生民病”的事业，一旦败退，便“须先濯尘土缨”，追求并标举人格的完善，于是，回归自然，成为必然选择，在那里，可以宣泄苦闷、释放压抑的情

① 沈金浩. 江湖与中国雅文化. 中国社会科学，1996，(3)

② (唐)自居易：闲题家池寄王屋张道士，见《白居易集》卷三十六。

绪，这时，“自然也往往是我们的第二情人，她对我们的第一次失恋发出安慰”[①]。园林成为他们净化灵魂、保持独立人格的一方净土。“隐逸”遂成为文人园林的基本主题。

2. 隐逸文化影响下的中国古典园林主题

文人园往往将蕴涵的隐逸意蕴浸润在“主题园”名中。

（1）隐逸江湖、回归田园

几千年来，在中国的历史中，始终将农业放在社会政治、经济生活的首位，中华文明基本上是农业文明。“天下重农耕”，以农为本，与此产生的诸如安土乐天情趣，不追求冒险刺激，爱土、敬土、安土、乡土情谊、思乡、怀旧、寻根、问祖等，成为中国人传统的心理积淀。文人们历经仕途蹭蹬，最后总感到拥有几十亩地、几头黄牛是最稳定的选择、最安全的退路，所以，这种思想往往写入了他们精心营构的园林中。苏州就有“招隐堂”“小隐堂”“隐圃”“桃源小隐”“笠泽渔隐”“乐隐”等园。宋朱长文筑“乐圃”，“乐”的是春秋隐士长沮、桀溺的田耕之乐、商山四皓采芝隐逸之乐、严子陵、郑弘渔樵之乐、陶渊明、白居易隐居之乐。今存的苏州名园中，沧浪亭、网师园是表达江湖之情的；拙政园、艺圃、耦园等则是表现归田之意的。

如苏州“网师园”，即隐于渔钓之园。南宋淳熙初年，吏部侍郎史正志在此地建宅园，藏书万卷，号“万卷堂”，史氏将堂内花圃取名“渔隐”，有隐居自晦之意。清乾隆年间，园归光禄寺少卿宋宗元。宗元退隐，托“渔隐”之原意，自比渔人，遂以“网师”颜其园，含江湖归隐之意。清梁章钜《浪迹丛谈》云：“园中结构极佳，而门外途径极窄……盖其筑园之初心，即避大官之舆从也。”暗含“富者我不顾，贵者我不攀”之意，以示清高。

“拙政园”，园名为明代王献臣所起。有记载曰王献臣“罢官归，乃日课童仆，除秽植棱，饭牛酤乳，荷舌抱瓮，业种艺以供朝夕、俟伏腊，积久而园始成”[②]。自比西晋潘岳，“余自筮仕抵今，余四十年，同时之人或起家至八坐，等三事，而吾仅以一郡悴老退林下，其为政殆有拙于岳者，园所以识也”[③]。因取潘岳《闲居赋·序》句意名园，赋序云：“庶浮云之志，筑室种树，逍遥自得，池沼足以渔钓，舂税足以代耕；灌园鬻蔬，以供朝夕之膳；牧羊酤酪，以俟伏腊之费，‘孝乎唯孝，友于兄弟’，此亦拙者之为政也。”园址旷若郊野，十分之七为池水，足可表现园主的江湖田园之志气。画家恽格在他绘的拙政园

① （美）乔治·桑塔耶纳. 美感. 北京：中国社会科学出版社，1982

② 明·王献臣：《拙政园图咏跋》。

③ 明·王献臣：《拙政园图咏跋》。

图上描写了他眼中的拙政园：

秋雨长林，致有爽气。独坐南轩，望隔岸横岗，叠石峻增，下临清池，磵路盘行。上多高槐、柽、柳、桧、柏，虬枝挺然，迥出林表。绕堤皆芙蓉，红翠相间，俯视澄明，游鳞可数，使人悠然有濠濮间趣。

自陶渊明以“归田园”为“守拙”之举以后，“拙”就成为保持心性本真的代名。

耦园，俩人协同并耕叫耦耕，这是一种原始的耕作方式，园名蕴涵怀旧情愫，园中还有书房名“织帘老屋”，透露出园主对古朴的男耕女织生活的怀念。园主沈秉成与夫人严永华有双双归隐并耕的意愿，沈秉成有诗称：“何当偕隐凉山麓，握月担风好耦耕。”严永华也有诗作《题自画水村偕隐图便面诗》云：“为问他年偕隐地，风光得似此间无?”园中抒情写意式的布局也处处流露夫妇双双隐归田园的情趣：轩名“枕波双隐”，严永华题联：“耦园住佳耦，城曲筑诗城。”成为全园的基调。他们住在“城曲草堂”，幽静简朴，人迹罕至；在“双照楼”上读书明道，在“吾爱亭”上欣赏陶渊明“吾亦爱吾庐，既耕亦已种，时还读我书”的诗句，陶醉在“山水间”……

明代末年王心一筑园径以陶渊明《归园田居》诗名其园为“归田园居”，并写《归田园居》诗歌五首，以和陶渊明的《归园田居》五首。

(2)知足常乐、恬淡寡欲

美国的明恩溥也发现：“中国人的‘常乐’，我们必须视为一种民族性格，与他们的知足密切相关。”①知足常乐是中国古代的人生哲学。《老子四十五章》云：“祸莫大于不知足，咎莫大于欲得，故知足之足，常足矣。”道家提倡的这种人生理想，是“小国寡民”理想的心理反映，但却既与儒家主张的“养生莫善于寡欲”相合，又与佛教所宣扬的人生领悟一致，《无量寿佛经》云：“忍力成就，不计众苦；少欲知足，无染恚痴。”因为它具有审美超脱的自得之趣。人一旦超脱了功利，就会无忧无虑，精神上达到和美的境界，“知足者仙境”，事事知足，人生就如生活在神仙境界。《红楼梦》中描写的甄士隐，成天种花莳竹，不以功名为念，作者称他过的是“神仙也似的生活”。因此，恬和养神、容膝自安，成为文人们普遍认同的生活方式。

苏州的“曲园”，是晚清朴学大师俞樾的书斋花园。园仅“一曲而已，强被木名，聊以自娱者也。”俞樾深为自得，他自号“曲园居士”，并以“一曲之士”自称，写诗曰：“小小园池亦自佳，盆池拳石手安排”，又详细地抒写了园景及情趣：“曲园虽偏小，亦颇具曲折：达斋认春轩，南北相隔绝。花木隐翳之，山石复滢播。循山登其巅，小坐可玩月。其下一小池，游鳞出复没。右

① (美)明恩溥．中国人的素质．上海：学林出版社，1999

有趣水亭，红栏映清冽。左有回峰阁，阶下石凹凸。循此石径行，又东出自穴。依依柳阴中，编竹补其缺。”庭院中融入了文人意境，简朴素雅，不事雕琢。

苏州有南北两个半园，均以“知足不求其全，甘守其半”为主题。南半园入门处，有王文治的一条对联将主题作了进一步的阐发：“事若求全何所乐。人非有品不能闲。”吴云为园中主厅“半园草堂”书联曰：“园虽得半，身有余闲，便觉天空海阔；事不求全。心常知足。自然气静神怡。”

苏州“绲园”，园名也是颇耐寻味的：“绲”，即“茧”，蚕以及某些昆虫在成蛹期前吐丝所作的壳称茧。名之谓茧，一言其小，园广不足三亩；二言园虽小如茧，却有亭台馆榭之美，具郊墅林泉之趣，居之裕如，足可洁身自好，不与世事。如厅上所悬对联所说：“只看花开落，不问人是非。”这联语取自宋理学家邵雍的《省事吟》诗句，只是把“言”字改成了一个“问”字，与世事脱离得更干脆。

残粒园，取的是杜甫《秋兴》八首中诗句：“香稻啄余鹦鹉粒，碧梧栖老凤凰枝”之意，一则极言其小，占地 140 平方米；一则以凤凰自喻，表示高雅与众不同，并希望终老于此。今苏州洞庭西山的“芥舟”小园，与此异曲同工。其名取自《庄子・逍遥游》：“覆杯水于坡堂之上，则芥为之舟，置杯焉则胶，水浅而舟大也。”“芥”，陆德明《释文》曰：“小草也。”花园占地才 130 平方米。

明代昆山顾氏别业称“一枝园”，清时苏州枫桥也有同名园，著名朴学大师段玉裁居此，中有“经韵楼”。取的是《庄子・逍遥游》中的“鷦鷯巢于深林，不过一枝”之意。以鷦鷯自喻，“其居易容，其求易给，巢林不过一枝，每食不过数粒”。

此类园林，除却上述几个，还有“鹦适园”“半枝园”“茧园”“偲园”“蜗庐”等。

(3)怡情丘壑、醉心风月

基于天人合一的思维模式，人们追求与自然的浑融，向往宽松清幽的生活，投身大自然，许多园林的主题是直接以植物以及花木色彩命名的，如“涌翠山庄”“茅亭”“梅隐”“一松山房”“依绿园”“清华园”“秀野园”“千株园”等。以苏州现存的园林为例：

“留园”，始建于明代万历年间，彼时“宏丽轩举，前楼后厅，皆可醉客。石屏为周生时臣所堆，高三丈、阔可二十丈，玲珑峭削，如一幅山水横披画。”[1]清乾隆时以“竹色清寒，波光澄碧”，名“寒碧山庄”，又因地处花步里，又称“花步小筑”。清末同治十二年，盛康（旭人）购得此园，名留园，寓“长留

① 明・袁宏道：《园亭记略》。

天地间”之意。俞樾《留园记》据此义又延伸之:“夫大乱之后,兵燹之余,高台倾而曲池平,不知凡几,此园乃幸而无恙,岂非造物者留此园以待贤者乎?是故泉石之胜,留以待君之登临也;华木之美,留以待君之攀玩也;亭台之幽深,留以待君之游息也。其所留多矣！岂止如唐人诗所云:‘但留风月伴烟萝’者乎?”意思是名园不会像石崇的金谷园一样昙花一现,只留下风月伴烟萝。泉石楼台之胜,会长留天地,独享游人。

“环秀山庄”,晋时为景德寺,后相继为学道书院、官署、明申时行宅,清时曾为毕沅宅,道光末归汪氏,建耕荫义庄,内重构东花园部分为环秀山庄,又名“颐园”。四面环秀,高阁涵云,今存山、池和补秋舫,以湖石假山驰名中外。

书斋庭园“听枫园”为清代著名的金石学家、书画艺术家吴云的书斋花园。园内有古枫婆娑,以聆听风吹枫树叶子的天然之音为园名,可“不出城郭而获得山林之趣”。

此类园林,其他还有如“怡我园”“清心园”“逸我园”“畅园”等。

(4)娱老、怡亲、继祖、寄傲、养志等

以血缘为纽带的中国几千年的封建宗法社会,是一种“家国同构”的政治模式。中国人政治伦理化,伦理也政治化,“忠孝两全”成为最理想的范式。孔子提出“孝悌为本”,“将外在礼制(规范)变为内在心理(情感)……汉代将此思想制度化,甚至法律化,便逐渐积淀而成深层文化心理结构。儒法互补却总以儒为主,即因以‘孝慈’为核心的情感心理始终为主之故。它得到了农业家庭小生产的社会根基的长久支持”①。在家庭孝养父母,追念祖先,重视亲情,也成为中华民族的优秀传统。

明王鏊之子筑“怡老园”怡养其父,王鏊在此园20余年。上海豫园,为明潘允端的私园,筑园初衷也为娱老怡亲,“豫”,即欢喜、快乐之意。

清康熙年间参政孙彤构园名“志圃”,因其祖父宦游20年,归田之日,欲治一圃,未果,故筑此园为成祖父之志,因径以“志圃”为名。

(5)抒发方外之情、尘外之意

苏州“壶园”“壶隐园”的构园思想意趣取自神仙“壶公”的“壶中天地”(见于晋葛洪《神仙传·壶公》)。皇家园林中这类景点很多,如清乾隆《圆明园四十景》中有“方壶胜景”。《史记》中对海上三神山中的“方丈”(即为“方壶”)有着这样的记载:“方丈之山,其高五千。群仙往来,不欲升天”②,“方丈”是不愿升天者的避世之地、人间仙府,是“市隐”的园居者所向往的理想

---

① 李泽厚.论语今读.合肥:安徽文艺出版社,1998

② 清·朱彝尊:《曝书亭集·五游篇》。

境界。

王世贞最初在太仓筑“弇州园”，因《庄子》《山海经》《穆天子传》等书中都有“弇州”“弇山”，皆指神仙居住之境，他自号“弇州山人”，后来又在门上榜“琅琊别墅”。表示自己是尘外之人，以标脱俗。

我们在前面提到了皇家园林也表现了一般文人的审美情感，如对清幽生活的向往，皇家园林中以欣赏自然景色、陶融自然为主题的景点俯拾皆是。承德避暑山庄72景中占绝大部分，诸如“烟波致爽”“万壑松风”“水芳岩秀”“四面云山”“梨花伴月”“云容水态”等。甚至还出现了对历史上隐逸高人的仰慕、欣羡之情：庄子、严子陵、陶渊明、王羲之、邵雍、李白、杜甫等。如圆明园的“武陵春色”“山高水长”“濂溪乐处”等；承德避暑山庄的“濠濮间想”“香远益清”“水流云在”“知鱼矶”等；颐和园的“意迟云在”“邵窝殿”“云松巢”“兰亭”等。

第二节　中国传统思维与园林的艺术个性

一、中国传统思维概述

中国古典哲学和医学多长于辩证思维，这种思想方法，渊源于《周易》，畅发于孔子、老子，到《周易大传》，而集大成，《周易大传》称“一阴一阳为之道”“刚柔相推而生变化”“生生之谓易”。宋代的张载提出了“两”与“一”的观念，对此作出了进一步的概括，揭示了对立统一的基本规律，朱熹、王夫之又发展了张载的思想，“相反相成”“物极必反”，不仅成为儒道的共识，而且成为社会上流行的成语。西方人将这种思维方法称之为“辩证法”。这是一种揭发思想言论中的矛盾并解决这矛盾的方法，中国古代称之为“辨惑法”。张岱年、方克立主编的《中国文化概论》中分析道：

中国人从远古以来，在特殊的地理环境和经济生活方式的氛围中，养成了整体地观照世界的方式。中国人习惯于直观的方式体悟人与世界的动态的有机的联系，对世界的认识和把握带有综合性、宽泛性、灵活性、随机性、不确定性等特点。这种思维方法重视整体、重视关联，属于综合思维模式。故对世界认知的方法是注重直觉和顿悟，如我们说陶渊明是“好读书，不求甚解”，即不以知性的眼光去审视，而是会意感通，以主体精神去体悟作品的内在精神，达到物我两忘的境界。这是一种带有突发性的彻悟体验，只凭直觉直接切入对象。

美国的明恩溥很惊讶地说中国人“漠视精确”①。不重视对于自然事物的研究，十分轻视对于客观世界的实际探索②，当然，在15世纪以前，中国在理论思维水平上高于西方作为神学奴婢的中世纪哲学。

中国传统思维模式表现在艺术领域，就是十分重视艺术品的神韵，要求“气韵生动”。著名美学家李泽厚认为，在中国古代，文坛艺苑的百花齐放、文艺灿烂图景的真正展现、各艺术门类的高度成熟、各类艺术的个性特征的充分发展，肇始于中晚唐，我国各类艺术包括园林的艺术个性也在这个时期开始形成并日趋成熟。沿着中晚唐这条线，走进更为细腻的官能感受和情感彩色的捕捉追求中。时代精神体现于心境，美学代表著作是唐司空图的《诗品》和严羽的《沧浪诗话》，它不只是注重文艺创作的心理特征，而且要求创造出特定的各种艺术境界，文艺中韵味、意境、情趣的讲究成了美学的中心。追求的是司空图所说的“韵外之致”“味外之旨”“象外之象”“景外之景”，“味在酸咸之外”“可望而不可置于眉睫之前”，要求文艺去捕捉、表达和创造出那种可意会而不可言传、难以形容却动人心魄的情感、意趣、心绪和韵味。严羽完全承接了这一美学趣味，注重艺术品的空灵、含蓄、平淡、自然的美。③ 如唐李嗣真《书后品》中评价王羲之的草行杂体“如清风出袖，明月人怀”；清朱锡绶《幽梦续影》用名花来比称唐人诗歌，也很有代表性：

少陵似春兰。幽芳独秀；摩诘似秋菊，冷艳独高；青莲似绿萼梅。仙风骀荡；玉谿似红萼梅，绮思缠娟；韦柳似海红，古梅在骨；沈宋似紫薇，矜贵有情；昌黎似丹桂。天葩洒落；香山似芙蕖，慧相清奇；冬郎似铁梗垂丝；阆仙似檀心磬口；长吉似优钵昙。彩云拥护；飞卿似曼陀罗，琼月玲珑。

这段话展开丰富奇特的想象，分别以杜甫、王维、李白、李商隐、韦应物、柳宗元、沈俭期、宋之问、韩愈、白居易、韩愈、贾岛、李贺、温庭筠的诗歌风格作比况，以花品人，以花喻人，抽象而又带着点朦胧的美，让人玩味、咀嚼。这种审美情趣与西方大异其趣，由此出现了与西方迥然不同的艺术样式。

“西方民族从古希腊开始就注重形式逻辑、抽象思维，力求从独立于自我的自然界中抽象出某种纯粹形式的简单观念，追求一种纯粹的单一元素”④。西方注重推理与分析的思维方法，属于分析思维模式，注重精密的

---

① （美）明恩溥. 中国人的素质上海：学林出版社，1999

② 《论语·子张》载孔子弟子子夏说：“虽小道，必有可观者焉，致远恐泥，是以君子不为也。”朱熹注：“小道，如农圃医卜之焉。”汉代独尊儒术，罢黜百家，注重名辨之学与物理之学的墨学中断，于是，儒道这种辩证思维构成了中国传统的思维模式。

③ 李泽厚. 美的历程. 北京：文物出版社，1982

④ 张岱年，方克立. 中国文化概论. 北京：北京师范大学出版社，1995

逻辑思维，他们对美的标准是通过理性的分析，再用精确明晰的语言来表达出来。甚至通过数学公式来表现，如他们习惯用“黄金分割面型”的方法来确定审美标准：正面纵线一分为三，发际到鼻根、鼻子全长、鼻尖到下颚各占三分之一；眼的横幅一分为三，两眼和眼间距离各占三分之一；鼻尖到下颚底一分为三，人中沟、上下唇、下颚各占三分之一。法国艺坛巨匠布南坦创立了美女标准的“三三制”，如“三白”“三黑”“三短”“三窄”“三细”“三宽”“三长”“三小”等。对古典园林的美学要求上也是如此，他们一丝不苟地按照纯粹的几何结构和数学关系发展，强迫自然接受匀称的法则，法国凡尔赛花园就是典范之作。

二、中国园林的艺术个性

(一)中国园林“缘情”的艺术个性

中国人习惯的辩证思维，也可称为模糊思维，这里我们称之为艺术型思维。中国古典园林艺术与中国其他艺术一样，“本于心”，源于主体的思想感情，追求味象畅神，抒写情志，以景写情，随兴适趣，体现自己的人品和人格，具有“缘情”的艺术个性。“缘情”说最早是西晋文学家陆机在《文赋》中提出的，针对的是诗歌，所谓“诗缘情而绮靡”，要求诗歌必须抒发作者的思想感情，而且还要求语言精美，具有鲜明生动的艺术形象。“缘情”成为中国诗画以及园林等造型艺术的独特个性。朱光潜在谈“艺术美”时这样说：

“美”字只有一个意义，就是事物现形象于直觉的一个特点。事物如果要能现，形象于直觉，它的外形和实质必须融化成一气。它的姿态必可以和人的情趣交感共鸣。这种”美”都是创造出来的，不是天生自在俯拾即是的。它都是“抒情的表现”[①]。

园林的“艺术美”就是如此。园林艺术讲究意境的创造，“造园”讲“构园”，即必须经过艺术家的精心构思，创造出“外足于象，而内足于意”[②]的“意象”，要求外界景物的形象与造园家的主体情思相互交融，从而形成充满主体感情的形象。游赏者可以从作为审美客体的意象中，获得更高层面的审美快感，即“意境”感受，这是一种“象外之象”、“景外之景”。所以，对具有艺术禀性的人来说，欣赏中国园林，是一种高品位的文化艺术享受：我们能

---

① 朱光潜.谈美书简二种.上海：上海文艺出版社，1999

② 明·王世贞：《弇州山人四部稿》。

触摸到中国古代文人跳动的脉搏，聆听到他们对现实社会的感慨隐忧、对人生的深沉反思、对道德理想境界的执著追求。人们的性情怡养在艺术意境的甘泉中，脱去尘劳，得到精神的解放，心灵如鱼得水地徜徉自乐。前文我们已经谈到在中国园林的主题中看到了古代的士大夫们如何将自己的荣辱得失、感慨隐忧写入到他们精心修筑的园林里去。具体地考察园林山水，假山寄托着归隐林下的文人高古俊逸的自我情趣，寄寓为山居崖栖、高逸遁世。园林池水，用来体现文人刻意追求的复朴归初、寝馈山林的隐士风度，借此获得遗形忘忧、怡情悦性的感官愉悦，也用以标举追踪庄、惠，超脱名利的高洁人格，从而获得一种精神满足。所以园林山水，不仅是一种客观的欣赏对象，而且还是自己人格乃至宇宙理想的寄寓，它融入了文人对自然对人生对社会生活的许多感悟，是有诗意、画境、哲理玄思的主客观的混合体，是自然和人的完美结合。

有的园林通过布局的变化就能看出园林的主人以及历代修葺该园人的心态。苏州沧浪亭现存布局就比较典型。当年苏舜钦有感于《楚辞·渔父》濯缨濯足随适意的意趣，遂建“沧浪亭”于水边，清代江苏巡抚宋荦修葺时移建山顶，“高山仰止，景行行止”，表示对先贤的敬仰之情。但利用复廊将园外一泓清流勾通园内外，并用“清风明月本无价，远山近水皆有情”这条欧阳修和苏舜钦的集联，将古今依然绾结起来。园中出现布局规整的“明道堂”“东菑”“西爽”“瑶华境”小区和“五百名贤祠”，反映崇儒特色，还有“印心石屋”和“圆灵证盟”这种佛学色彩明显的小院。这些都说明了现存沧浪亭布局所蕴涵的文化心理，正是古代文人“依于儒，归于道，逃于禅”这一常规心理，所以，它成为古代士大夫文人心态的“活化石”。

有的借助文学题名，委婉陈情。在中国古典园林里，常以“不系舟”名园内的一些“旱船”，而“不系舟”出自《庄子·列御寇》，谓：“巧者劳而智者忧，无能者无所求，饱食而遨游，泛若不系之舟，虚而遨游者也。”成玄英疏曰：“唯圣人泛然无系，泊而忘心，譬彼虚舟，任运逍遥。”表达了文人追求精神自由的人格抱负。

苏州畅园船厅名“涤我尘襟”，意思说，洗涤干净世俗的灰尘，使自己襟怀澄净，心灵得到了净化，具有超逸的人格意义。

有的在自然景物中寄托一定的理想和信念，借景抒情，表达某种精神追求。如中国历代封建时代帝皇幻想长生不死、永远享受人间荣华富贵的愿望，在宫苑中建象征海中三神山的“一池三岛”，如北京三海、琼华岛、水云榭和瀛台等。封建皇帝也在皇家园林中借景物抒发志向，以景寓政，如清康熙皇帝在《御制避暑山庄记》中说：

至于玩芝兰则爱德行，睹松竹则思贞操，临清流则贵廉洁，览蔓草则贱贫秽。此亦古人因物而比兴，不可不知。人君之奉，取之于民，不爱者，即惑也。

封建帝皇托物言志，虽然也不乏文人雅尚，但毕竟不同于士大夫文人。如自北宋以来，皇家宫苑里的假山几乎都用“万寿山”为名，颐和园、北海白塔山、故宫后的景山，都称万寿山。因为封建时代往往以“山”比喻君主。皇家园林的景物还多宣扬皇帝仁德，皇家园林用此，反映了帝皇“家天下”的心理，所谓“九州清晏，皇心乃舒”。

雕刻、雕塑等园林装饰和园林植物，也带有强烈的感情色彩。如颐和园的铜牛，作为镇水灵物而设，据《御制万寿山昆明湖记》记载，在昆明湖未疏浚之前，司其事者“踟躇虑水之不足，及湖成而水通，则汪洋漭沆，较旧倍盛，于是又虑夏秋泛涨或有疏虞”，所以铸造这一铜牛。铜牛身上有乾隆所写铭文，也说明了这一情感。

私家宅园的住宅主厅前后小庭院各植金桂和玉兰花，以寄托“金玉满堂”的生活理想。

(二)中国园林的“写意”手法

中国园林“缘情”的艺术个性，决定了反映自然外物的艺术手段的写意性，即不是忠实、逼真、精确地再现外物。如欣赏艺术品的朦胧、抽象的美，欣赏园林中随势而筑的亭台楼阁、傍清溪而植的茂林修竹、书条镌刻、嵯峨怪石等实景，以及池中清漪、白壁花影、月光倒影、松涛竹韵、前贤韵事等虚景，统统可以漱涤胸次、味之无穷、频添雅兴。因为中国古典园林的创作，同中国古代山水诗、中国山水画等一样，它的独特内涵和艺术创作手法是“写意”，这是中华民族思维方式在园林艺术中的反映，是中国古典园林艺术创作的重要法则，也是中国古典园林饮誉中外、历久不衰的原因。

“忠可以写意，信可以远期”(《战国策·赵策二》)是有关“写意”这一“名词”的最早出处。“写意”指的就是披露心意，抒写心意之意。后来“写意”成为诗画的一种艺术手法，甚至发展为绘画的一种品类“写意画”，其意义与披露抒写心意依然是一脉相承的。宋陈造《自适》诗之一：“酒可销闲时得醉，诗凭写意不求工。”写意画只求以精练之笔寥寥几笔的勾勒，就能使作者的情趣毕现。元夏文彦《图画宝鉴》卷三：“(仲仁)以墨晕作梅，如花影然，别成一家，所谓写意者也。”而正如鲁迅在《且介亭杂文末编·记苏联版画展览会》中所说的：“我们的绘画，自宋以来就盛行‘写意’。”

中国文人园，包括深受文人园艺术浸润的皇家园林和寺观园林，在创作时运用的艺术手段就是诗画艺术中普遍运用的“写意”。

园林布局的写意。中国的园林布局，秦始皇、汉武帝时的宫苑，以天地宇宙为艺术模仿的对象，以神话中的仙山神水为构图模式，虽然当时的园林设计者和建造者们并不懂得后世所遵循的“写意”“空灵”等艺术原则，体量庞大，规模宏丽，但对于真正的宇宙天地、梦幻中的神仙世界来说，也还是带有“写意”色彩的。南北朝开始的士大夫园林的布局，写意色彩就越来越鲜明了，从庾信对“小园”的构想到中唐白居易开了江南文人写意山水园的先河，宋代士大夫园林更向写意发展，明清的士大夫文人们则更满足于“芥子纳须弥”。他们在咫尺天地里建立“蜗庐”“安乐窝”“勺园”“残粒园”“片石山房”“曲园”“半茧园”“壶园”“半亩园”等小园，小巧而雅朴，均以小小许胜多多许，园小而意足。

中国园林的山水，不可能是对自然山水的如实摹写或按比例缩小，即使明确地将自然界的某一名山胜景作为园林造象的对象，也只能是“写意式”的模建，不可能将模建的原型再现于园中，只能师其意，取其神，而遗其形貌，如汉梁冀园中“采土筑山”“以象二崤”，东晋谢安入朝后营造的园林，模拟他曾高卧的会稽东山，谢灵运称其庄园周围的群山为“海中三山之流”，唐安乐公主园“累石象华山，引水象天津”[①]。中唐以后，“巡回数尺间，如见小蓬瀛”，成为叠山艺术的发展方向，“写意”手法完全渗透到园林营造的各个方面，“壶中天地”的空间原则基本确立。白居易以庭山象征终南山，李德裕的平泉山庄“疏凿像巫峡、洞庭、十二峰、九派，迄于海门江山景物之状”[②]。宋“文潞公东园，本药圃，地薄东城，水渺弥甚广，泛舟游者如在江湖间也”[③]。清祁彪佳称“万玉山房”中“汇卧龙之泉，淳泓小沼，虽尺岫寸峦，居然有江山辽邈之势”[④]。

北京皇家园林对江南私家园林的某些景点的仿建，也只是“肖其意”。江南私家园林一些仿拟性的艺术造型，更是金学智先生所说的“胸有丘壑的意构”。张家骥说：

> 园林艺术的写意，就是以局部暗示出整体，寓全（自然山水）于不全（人工水石）之中，寓无限（宇宙天地）于有限（园林景境）之内，其奥妙就在于：中国园林艺术是立足于贯通宇宙天地的“道”去观察和表现自然的。所以咫尺山林的小小园林却给人以一种深邃的无尽的时空感[⑤]。

白居易“凡所止，虽一日二日，辄覆篑土为台，聚拳石为山，环斗水为池，

---

① 宋·司马光：《资治通鉴》卷二百零九。

② 唐·康骈：《剧谈录》。

③ 宋·邵伯温：《邵氏闻见后录》卷二十五。

④ 清·祁彪佳：《越中园亭记》之二，见《祁彪佳集》卷八。

⑤ 张家骥.中国园林艺术大辞典.太原：山西教育出版社，1997

其喜山水病痴如此”[①]。随着士大夫自我意识的自觉以及士大夫文化艺术体系的发展和成熟，文人园林中容纳的文化信息越来越丰富，而山水的体量越来越小。即使一块小石，苏轼也体会到“太行西来万马屯，势与岱岳争雄尊”，一只小小的盆池，在宋曾巩眼里也是“苍壁巧藏天影人，翠奁微带藓痕侵。能供水石三秋兴，不负江湖万里心”，文徵明“埋盆作小池，便有江湖适”[②]，清代王摅在金鱼缸中体会到“仿佛身在濠梁游，非鱼宁不知鱼乐。”[③]如今存的苏州园林，均为写意咫尺山水园，“一峰则太华千寻，一勺则江湖万里”[④]。

园林建筑的写意。园林建筑与园林的主题相一致，它往往通过造型和文学题名表现出浓郁的写意色彩。如苏州曲园，建筑布局造型如篆书的“曲”字；苏州北半园，亭台楼池均以“半”为特征等。

园林建筑以及家具装饰中的写意色彩也到处可见，比如大量表示福、禄、寿的吉祥图案，表示“四君子”的梅、兰、竹、菊等，寓意“节节高”的竹节形雕刻。苏州著名的东山雕刻大楼，大门外照墙上刻有象征“大喜”的“鸿禧”额、屋顶脊上的“聚宝盆”雕塑、砖雕门楼内侧上枋的圆雕“八仙庆寿”，沿前天井的门窗上装有仿古币的铜质搭双桃型插销、蝙蝠锁眼，厅内梁柱上四只木质纱帽帽翼，组成“出门有喜，进门有宝，抬头有寿，回头有官，伸手有钱，脚踏福地”的寓意。

“写意”，可以从有限到无限，激发审美者的想像力，引入更深广的境界，调动审美想像，以突破时空、语言、概念形象等方面的限制，达到“言有尽而意无穷”的艺术效果。

（三）中国园林“含蓄蕴藉”的美学特色

中国艺术理论中，很重视含蓄蕴藉之美。含蓄就是有余味。刘勰倡“余味曲包”[⑤]说，认为“隐也者，文外之重旨者也”；唐皎然《诗式》也说：“两重意已上，皆文外之旨”；司空图讲“不著一字，尽得风流”“羚羊挂角，无迹可求”[⑥]；叶燮说：“诗之至处，妙在含蓄无垠，思致微妙，其寄托在可言不可言

① 唐·白居易：《庐山草堂记》。

② 明·文徵明：《斋前小山秽翳久矣，家兄召工治之……赋小诗十首》之三，见《文徵明集》卷一。

③ 清·王摅：《鱼缸歌》，《芦中集》卷九。

④ 明·文震亨：《长物志》。

⑤ 南朝·刘勰：《文心雕龙·隐秀》。

⑥ 南朝·钟嵘：《诗品·含蓄》。

之间，其指归在可解不可解之会，言在此而意在彼，泯端倪而离形象，绝议论而穷思维，引人于冥漠恍惚之境，所以为主也。”[①]王夫之“无字处皆其意”等论述，都对含蓄这一美学范畴、艺术风格和表现手法作了形象的概括。中国绘画艺术同样以含蓄为上，要求的是“远山无脚，远树无根，远舟无身”，唐志契《绘事微言》说：“能藏处多于露处，趣味愈无尽。”“虚实相生，无画处皆成妙境”（笪重光）；书法追求“潜虚半腹”（智果）、“计白当黑”等。要求作者给鉴赏者以广阔的联想空间、回味、咀嚼的“余味”，而欣赏者可以根据自己的审美理想和独特感受，去进行艺术的再创造，从而获得强烈的美感享受。相反，“尽则浅露也”[②]。中国古典园林构园手法讲究含蓄、曲折、变化，反对僵直、单调、一览无余。景物大都藏而不露、隐而不现。

实际上反映了中国艺术的创作和鉴赏的规律，而这一规律，正是中华民族特有的“辩证思维”的特征之一。中国没有古希腊式的“酒神精神”，因此没有放纵的狂欢，强调的是理性、节制，并要求将理智引入并渗透融化在情感之中。这种观念，来源于实践（用）理性，而非来自语言的辩论或思维的规律（如希腊）[③]。

中国的造园艺术家们十分善于含蓄地表现景物美，往往采用“欲扬先抑”“曲径通幽”“柳暗花明”等艺术造景手法。像大观园这样的入门以山为障景，成为中国古典园林的习惯程式。

留园入门的空间处理上深得中国古典园林关于“藏露”艺术的神髓，造成“庭院深深深几许”的视觉感受，同时令游人产生一种寻幽探芳的兴味和渐入佳境的乐趣。显然，中国园林中的含蓄美与景境的藏露密切相关。即使是“咫尺”小园，也能给人景深莫测、处处柳暗花明之感。

至今还属于私家宅院的苏州“残粒园”，它不是采用传统习用的以假山“隐秀”的手法，而是在宅院大门口盖了三间低矮简陋的平房作为障景，使园景藏而不露。这三间平房，除了具有如上所说的内在精神价值外，也还有保护身家安全的实用价值。

园林中深藏的“园中园”往往是在游人“不经意”时被“偶然”发现。如苏州网师园的“琴室”小区和“潭西渔隐”小区，都能产生此类艺术效果。留园西部具有山林风光的小区，则处理得更隐秘，低矮的小门位于中部爬山廊拐角处，细心的游客看到门宕砖额“别有天”，就会产生“别有洞天”的联想，信步走进小门，曲折前行，遂发现了又一处山林景区：老树浓荫掩映下的土石

---

① 清·叶燮：《原诗·内篇下》。

② 宋·张戒：《岁寒堂诗话》。

③ 李泽厚.论语今读.合肥：安徽文艺出版社，1998

假山、山顶的至乐亭、舒啸亭、活泼泼的“之”形小溪。鸟语花香、鸢飞鱼跃。

园林中有一种空间曲折幽邃的建筑称曲室或曲房，人行其间，愈折而室内外境界愈幽美。有的如扬州的“倚虹园”的“桂花书屋”：“透迤连络小室数十间，令游者惝恍弗知所之”[①]。苏州沧浪亭的“翠玲珑”，也属于这类曲室，呈曲尺形之三折，每折二至三间不等，前后皆种竹子，幽雅静谧。但这类的“曲”应该是自然的，绝非矫揉造作。刘敦桢《江南园林志》说：“拙劣者故为盘曲迂回，或力求人画，人为之美，反损其自然之趣。其尤劣者以华丽堆砌相竞尚，甚至池求其方，岸求其直，亭榭务其左右对峙，山石花木如雁行，如鹄立，罗列道旁，几何不令人兴瑕胜于瑜之叹。”

含蓄的形象始终与欣赏者保持着一段神秘的距离，使人留之不得，去之不甘，从而可以强烈地激发和吸引欣赏者的注意力和兴趣，满足欣赏者参与形象再创作的需要，“藏处多于露处”，就会“趣味愈无尽”。而“尽则浅露也”[②]。宗白华在《美学散步》说到：“美感的养成在于能空，对物象造成距离，使自己不沾不滞，物象得以孤立绝缘，自成境界：舞台的帘幕、图画的框廓、雕像的石座、建筑的台阶、栏杆、诗的节奏、韵脚，从窗户看山水，黑夜笼罩下的灯火街市、明月下的幽淡小景，都是在距离化、间隔化条件下诞生的美景。”距离产生美。

---

① 清·李斗：《扬州画舫录》。

② 宋·张戒：《岁寒堂诗话》。

第五章　园林设计的形式美与构景

进行园林设计时，在满足功能的基础上还应考虑形式，这些各种形式因素相互联系，组合成不同的形式美，这些不同的形式美又构成了园林艺术的精髓。而形式美需要通过一定的园林构景手法来呈现，亦要遵循园林规划设计的原则。

第一节　园林设计的形式美法则

园林艺术是作为表现艺术存在于城市之中，不能再现具体的事物形象，而只有通过对园林造型的形式处理，尤其是对园林空间的艺术化、形式化进行营构，从而表现出其审美意义和象征含义，以触发人的想象，从直观感受进入悠远、深邃的审美意境之中，从而完成人们对园林景观所产生的“情景交融”的审美意象。所以要遵循一定的艺术规律和形式美法则，如单纯齐一、多样统一、对比调和、节奏韵律、尺度比例、联想意境、对称均衡等，才能设计出创意独特、形式美感丰富的园林形态。

一、单纯齐一

单纯齐一（图 5-1）也叫整齐一律，是形式美法则中最简单的，它的特点就是最大地避免了混乱状态。单纯是指相同的或相似因素组合在一起；齐一是一种整齐一律的美。

在园林设计中，单纯齐一的纯洁、明净形式能够给人以节奏感、秩序感和条理感。例如行道树株间距相同，笔直延伸；规整的行道树与灌木丛相间排列；绿篱修剪得高低有致、棱角分明，构成一种连续的反复，这些都给人以整齐的美感。

图 5-1 “单纯齐一”法则式例

但在运用这一形式时要注意，单纯、简洁不等于纯粹的简单，在设计过程中要避免形态的单调和呆板以及组合方式的无味重复。

二、多样统一

多样统一(图 5-2)是形式美法则中最高、最基本的原则。多样指构成整体的各个部分在形式上的差异性；统一是指整体中的各个部分在形式上具有某种共同性。在园林设计中，无论从园林风格形式、植物、建筑，还是色彩、质地、线条等方面，都要讲求在多样之中求得统一，这样富有变化，不单调。如过于多样而缺少统一会给人以无序、杂乱无章之感；过分统一而缺少变化给人呆板、单调感，而有了变化能带来刺激，打破乏味。

图 5-2 “多样统一”法则式例

三、对比微差

各实体或要素之间的差异形成对比。对比可以借助互相烘托陪衬求得变化(图 5-3)。而微差是借助彼此之间的细微变化和连续性来求得协调(图 5-4)。微差的积累可以使景物逐渐变化,或升高、壮大、浓重而不感到生硬。

在园林设计中,没有对比会产生单调,过多对比又会造成杂乱,只有把对比和微差结合巧妙地结合,才能达到既有变化又协调一致的效果。

图 5-3 高低之间的对比

图 5-4 孔洞之间的微差

四、对称均衡

对称是指整体的各部分依实际的或假想的对称轴或对称点两侧所形成等形、等量的对应关系，给人以安静、稳定的感觉。均衡是对称中有变化，不单调，在静中倾向于动。

园林设计中的对称均衡分为绝对对称均衡(图5-5)和不绝对对称均衡(图5-6)两种。绝对对称均衡在人们心理上产生理性的严谨、条理性和稳定感。采用这种美学原则的以西方园林居多。因为西方园林所体现的是人工美，不仅布局对称、规则、严谨，就连花草都修整得方方正正，从而呈现出一种几何图案美。

图5-5　凡尔赛宫

图5-6　故宫

而中国园林与西方园林不同，特别是中国古典园林，它讲求自然美，在构图中则更侧重于不绝对对称均衡。利用不对称种植造型与环境的恰当配合，可以显现出生动、活泼、流畅和自由的感觉，在视觉上达到不对称均衡。

在平面构图中运用对称法则要避免由于过分的绝对对称而产生单调、呆板的感觉，有的时候，在整体对称的格局中加入一些不对称的因素，反而能增加构图版面的生动性和美感，避免了单调和呆板。

五、节奏韵律

节奏韵律是指有秩序的变化或有规律的重复出现。在园林设计中，植物的配植讲韵律节奏是使不同的园林植物，随着长短变化作出水平连续起伏的状态，也就是在一定的空间环境中利用各种植物的单体或组成的群体以一定的秩序进行水平配列。有韵律节奏的植物配植可以使作品避免单调而增加生气，表现情趣。

节奏韵律的表现主要有以下几种。

(1)连续韵律(图 5-7)。它是指树木或树丛的连续等距的出现诸如园林建筑的栏杆、道路旁的灯饰、水池中的汀步等实物或要素。

(2)渐变韵律(图 5-8)。它是指树木的排列变疏或变密，花色变浓或变淡，古塔每层密度逐渐变化等。

图 5-7　连续韵律

图 5-8　渐变韵律

(3)起伏韵律(图 5-9)。它主要是指植物的高低变化。

(4)间隔韵律(图 5-10)。它是指利用间隔距离的长短产生韵律。

图 5-9 起伏韵律

图 5-10 间隔韵律

六、比例尺度

如果说和谐便是美，那么比例和尺度便是美的基础和体现。尺度是以人的身高为基准，与物的对比关系，对比使用空间的度量关系；比例则是部分与部分或部分与整体之间的合乎比例的关系。合适的尺度和比例，使人们在行为过程中感到舒适和方便，给人以美的感受；不合适的景观尺度与比例，则会让人们产生别扭与不协调的感受；

如苏州网师园水面的大小不过 $350m^2$，但它与环绕的月到风来亭、竹外一枝轩、射鸭廊和濯缨水阁等一组建筑物却保持着和谐的比例，堪称小尺度水面的典型例子。

七、层次渗透

园林中有层次渗透才能有幽深的感受，也才能产生无尽的幻觉。要制造出园林的层次(图 5-11、图 5-12)，可以利用建筑物、树木、山石都可以在景物前边或侧面作为陪衬或装饰，使景深加大，加强纵深感；利用漏窗或疏林也可以在主景前蒙上一层面纱，使景物更加诱人多趣；利用水面的倒影、激流、瀑布使景物更加生动鲜活。

图 5-11　立面上的层次

图 5-12　空间的层次

八、联想意境

联想是思维的延伸，它由一种事物延伸到另外一种事物上。例如红色使人感到温暖、热情、喜庆等；绿色则使人联想到大自然、生命、春天，从而使人产生平静感、生机感、春意等。如古典园林中多因园子面积较小，借助于人工的盛山理水把广阔的大自然风景缩移模拟于咫尺之间，即营造"一拳则太华千寻，一勺则江湖万里"的意境。

意即主观的理念、感情，境即客观的生活、景物。意境产生于艺术创作中此两者的结合，即创作者把自己的感情、理念熔铸于客观生活、景物之中，从而引发鉴赏者类似的情感激动和理念联想。意境是联想的一种结果，是人们接受到的外在表象与个人经验记忆之间的交融，是一种情感需要。

意境贯穿于园林艺术表现之中，即借植物特有的形、色、香、声、韵之美，表现人的思想、品格、意志，创造出寄情于景和触景生情的意境，赋予植物人格化。如松、竹、梅被喻为三君子；玉兰、海棠、牡丹、桂花示长寿富贵。这一从形态美到意境美的升华，不但含意深邃，而且达到了"天人合一"的境界。

第二节 园林构景手法及其原则

一、园林构景设计的手法

园林设计是通过人工手段，利用环境条件和构成园林的各种要素，再通过不同构景手法造作所需要的景观。园林构景贵在层次，以有限空间，造无限风景，从而使景观达到理想的艺术效果。园林构景中常运用多种手法来表现景观，以求得渐入佳境、小中见大、步移景异的艺术效果。主要有借景、障景、框景、透景、添景、对景、夹景、隔景、漏景、移景等手法。

（一）借景

借景意味着园林景象的外延，是将园内风景视线所及的园外景色有意识地组织到园内来，成为园景的一部分。因园林的面积和空间都是有限的，要想将园外的景致巧妙地收进园内游人视野中，就要突破自身基地范围的局限，充分利用周围的自然美景，选择恰当的观赏位置，有意识地把园外的景物"借"到园内视景范围中来，与园内景物融为一体，便可收无限于有限之中，在有限空间内获得无限的意境。明代造园家计成在《园冶》一书中也提到:“园巧于因借,精在体宜。”“借者,园虽别内外,得景则无拘远近。”这最好地诠释了借景的真谛。

借景有远借、邻借、仰借、俯借、时借、形借、声借、色借或香借之分。借远方之景为远借;借近邻之景为邻借;借仰视之景为仰借;借俯瞰之景为俯借;借时令所构之景为时借。例如北京颐和园运用了巧妙的借景手法,布置一些适当的眺望点,使西山、玉泉山诸峰的景色组织到园里来,山光塔影尽收眼底。又如拙政园的荷风四面亭是借荷花香;在梧竹幽居亭可借远处的北寺塔,塔成了此亭的远景,空间有了层次,景因此而更美。故借景法则可取得事半功倍的园林景观效果。

借景方法有:

(1)开辟透景线,去除阻碍赏景的物体,以借远景或自然景观,如修剪掉遮挡视线的树木枝叶等。

(2)提高视点位置,突破园林的界限,让游者放眼远望,如在园中建造楼、阁、亭等。

(3)借虚景。上海豫园中的花墙下的月洞,透露了隔院的水榭。

(二)障景

障景又称抑景,它多用在园林入口处或空间序列的转折引导处。障景常采用“欲露先藏、欲扬先抑”的艺术手法,以达到“山重水复疑无路,柳暗花明又一村”的艺术效果。常用材料有假山、影壁、屏风、树丛或树群等。

障景往往给游人以深邃含蓄、曲折多变的观感,尤其是面积较小的园林多用此手法,可避免一眼看到全园的景色。如拙政园入口部分有院门,内叠石为假山,成为障景,使人入院门不能一下子看到全院的景物,在山后有一小池,循廊绕池便豁然开朗,从而获得“曲径通幽”“庭院深深”的园林意境,最后才将景致突然展现出来,使人心情为之一振,以此来提高园景的艺术感召力(图 5-13)。

图 5-13　苏州拙政园入口假山

(三)框景

框景如同一幅画,用类似画框的门框、窗、洞、廊柱或乔木树冠抱合而成的空间作为构图前景,将要突出的景框在“镜框”中,把景包围起来,使人的视线高度集中于画面的主景上,从而使游人产生景在画中的错觉,将现实风景误以为是画在纸上的图画,达到了自然美升华为艺术美的效果。苏州拙政园“悟竹幽居”四个洞门分别框春夏秋冬四景(图 5-14)。

图 5-14　苏州拙政园悟竹幽居

(四)透景

美好的景物被高于游人视线的地物所遮挡,须开辟透景线,这种处理手法叫透景。透景线两侧的景物,做透景的配置布景,以提高透景的艺术效果,如竹林中的幽径。

(五)添景

添景是当观赏点与风景点之间没有中景时,常采用乔木、花卉作为中间、近处的一种过渡景(图 5-15)。添景是为使园景完美,往往在景物疏朗之处,增添一些景色,以丰富园景的层次,园景也因这些装饰而生动起来。

缺少这个过渡，整个风景就会显得呆板而又缺乏观赏性和感染力。

图 5-15 柳树充当添景

(六)对景

对景是指从甲观赏点观赏乙观赏点，从乙观赏点观赏甲观赏点的互相观赏、互相衬托的构景手法，即我把你作为景，你也把我作为景。园内的建筑物如厅、堂、楼、阁等既是观赏点，又是被观赏对象，因此，往往互为对景，形成错综复杂的交叉对象。所以，园林中重要建筑物的方位确定后，在其视线所及具备透景线的情况下，即可形成对景。如拙政园远香堂对面绿叶掩映下能观赏到绣绮亭，它们互为对景(图 5-16)。

图 5-16 苏州拙政园绣绮亭

(七)夹景

夹景是一种带有控制性的构景方式，通过树丛或岩石或建筑所形成的狭长空间的尽端所夹的景象。夹景手法的运用是通过植物或建筑来限定和诱导游人的视线，使游人的视域高度集中，从而达到突出主要景物的效果。另外，对视域的限定，也可以起到摒弃周边杂乱景色的作用。如园路两侧植物密植，形成绿色走廊，走廊的尽头设置景观，就形成夹景效果(图 5-17)。

图 5-17　春天花园

(八)隔景

隔景是利用山石、粉墙、林木、构筑物、地形、花窗、洞、长廊、疏林、花架等将景物分隔，以使园景虚虚实实，景色丰富多彩，空间“小中见大”。

图 5-18　虚隔

隔景分实隔、虚隔(图 5-18)和虚实相隔。实隔能完全阻隔游人视线、限制游人通过,加强私密性和强化空间领域,被分隔的空间景色独立性强,彼此可无直接联系;虚隔能使游人视线从一个空间透入另一个空间,不仅丰富景观的层次,而且隐约显现但难窥全貌、近在咫尺但不可及的意境,如从墙的漏窗观看另一边的景色。

(九)漏景

漏景是将被隔的景物透漏呈现在人眼前,给人若隐若现、含蓄雅致的感觉。

古典园林中,利用形式各异的漏窗造成漏景效果是较为常见形式。漏窗能使空间互相穿插渗透,达到增加风景和扩大空间的效果。透过漏窗,景区似隔非隔,似隐还现,光影迷离斑驳,随着游人的脚步移动,景色也随之变化,平直的墙面有了它,便增添了无尽的生气和流动变幻感。园林的围墙上、廊一侧或两侧的墙上,常常设以漏窗,或雕以带有民族特色的各种几何图形,或雕以葡萄、石榴、老梅、荷花、修竹等植物,或雕以鹿、鹤、兔等动物,透过漏窗的窗隙,可见园外的美景。如苏州拙政园的游廊共运用了几十种窗形式,每一个窗就像一个取景框来框取不同的景物,是画也是窗,是窗也是画,而且没有一个漏窗同样(图 5-19),真正做到步移景异,大大激发游人探幽的兴致。

除此而外,各种花木的枝叶、玲珑剔透的山石都是制造漏景效果的常用元素。

图 5-19

(十)移景

移景是仿建的一种园林构景手法,是将其他地方优美的景致移在园林中仿造。如承德避暑山庄的芝径云堤是仿效杭州西子湖的苏堤构筑;殿春簃是苏州网师园内的一处景点,1979 年美国纽约大都会博物馆以殿春簃为原形建造了中国式庭院“明轩”。移景手段的运用,促进了中外及我国南北造园艺术的交流和发展。

总之,园林设计的构景手法多种多样,不能生搬硬套,墨守成规,须悉心把握,融会贯通,处理恰当,才能设计出好的园林作品。

二、园林规划设计的原则

因为园林规划设计不仅要考虑经济、技术和生态问题,还要在艺术上考虑美的问题,要把自然美融于生态美之中。同时,还要借助建筑美、绘画美、文学美和人文美来增强自身的表现能力。园林设计也不同于工程上单纯制平面图和立面图,更不同于绘画,因为园林设计是以室外空间为主,是以园林地形、建筑、山水、植物为材料的一种空间艺术创作。园林绿地的性质和功能规定了园林规划的特殊性,为此在园林设计时要遵循以下几个原则。

(一)生态优先原则

生态化是又一个时代主题,凡符合生态规律、自然完整、生物多样性高、生态环境功能重要的景观,都是美的。但是随着高科技的发展,全球生态环境日益遭到破坏,何谈美呢?所以怎样保护我们生存的环境,成为园林设计师当前最为重要的工作。生态设计观是直接关系到园林景观质量的非常重要的一个方面,是创造更好的环境、更高质量和更安全的景观的有效途径。但现阶段在园林设计领域内,生态设计的理论和方法还不够成熟,一提到生态,就认为是绿化率达到多少,实际上不仅仅是绿化,尊重地域自然地理特征和节约与保护资源都是生态设计观的体现。另外,也不是绿化率提高了,生态性就提高了那么简单。前些年许多设计师在进行园林设计时,为了追求新奇特的效果,大量地从外地引进各种名贵树种,可长势很弱甚至死亡,原因就是在植物配置时没有考虑植物分布的地带性和生态适应性。因此,在植物配置时应以乡土树种为主,适当引进外来树种,要根据立地的具体条件合理地选择植物种类。现在又有些城市为了达到绿化率指标,见效快,大面积铺设草坪,这不仅耗资巨大,养护成本费用高,而且生态效益要远比种树小得多。

体现园林设计的生态性原则，具体方法有：充分利用当地的物产材料，石材、竹木等，能体现当地的风土人情和风俗习惯；提炼精华，把文化加以发扬和传承，延续历史文脉；种植具有浓郁地方特色的乡土植物，养育适合地方气候的动物，促进生态平衡。另外，还应多从园林景观细节上考虑，比如尽量减少铺地材料的使用面积，以尽可能的保留可渗透性的土壤，恢复雨水的天然路径，为地下水提供补给；另一方面也可以延缓雨水进入地表河渠的时间，减轻雨季市政管道排放压力以及降低河道洪峰，这都是遵循生态设计原则的体现。所以要提高园林景观环境质量，在做园林设计时就要把生态学原理作为其生态设计观的理论基础，尊重物种多样性，减少对资源的掠夺，保持营养和水循环，维持植物生境和动物栖息地的质量，把这些融汇到园林设计中的每一个环节，才能达到生态的最大化，给人类一个健康的、绿色的、环保的、可持续性的栖息家园。

（二）人性化设计原则

人有基本的物理层次需求和更高的心理层次需求。设计时要根据使用者的年龄、文化层次和喜好等自然特征，如根据老年人喜静、儿童好动来划分功能分区，以满足使用者不同的需求。人性设计观的体现在设计细节要求上更为突出，如踏步、栏杆、扶手、坡道、坐椅、人行道等的尺度和材质的选择等问题是否能满足人的生理层次的需求。近年来，国际上无障碍设计得到广泛使用，如广场、公园等公共场所的入口处都设置了方便残疾人的轮椅车上下行走及盲人行走的坡道。但目前我国园林设计在这方面仍不够成熟，如一些公共场所的主入口没有设坡道，这样对残疾人来说极其不方便，要绕道而行，更有甚者是就没有设置坡道，这些设计也就更无从谈人性设计观了。另外，在北方园林设计中，供人使用的户外设施材质的选择要做到冬暖夏凉，这样才不会失去设置的意义。

此外，园林设计必须掌握心理审美知识，根据使用者的心理需求来设计景观设施。如公园里坐椅的安排，仅仅考虑它的材质和高度等已不能满足人的需求，同时还要考虑坐椅靠背的朝向、坐椅长度等特性。比如，人都有喜欢看别人而不被人看的心理，所以朝向的问题也十分关键。另外，人们行走在广场和公园里都有抄近路的行为心理（图 5-20），我们常常见到绿篱和栏杆被人为割裂的缺口，草坪被踏出的一条小径，这都是因为设计上对交通流动走向缺乏准确的尺度判断所造成的后果。所以在园林设计中，应尽可能不要放过每一个细节的设计，一个总体方案的优秀设计，是靠一个个“人情味”的细节来完成的。

图 5-20　绿地边缘的处理

(三)功能性设计原则

园林景观是以创造生态效益和社会效益为主要目的,所以还要秉承功能性设计原则。任何一个城市的人力、物力、财力和土地都是有限的,如果无限制地增加投入,一味追求豪华气派,不切实际,那样会造成很大的浪费,甚至还会产生视觉污染。

在园林植物配置时,很多情况下植物都在执行一定的功能。例如在进行高速公路中央分隔带的园林设计时,考虑到减少夜间车辆眩光的影响,引导司机视线,提高行车速度和确保行车的安全和舒适,选择枝密叶茂,株高在 1.5m 以上的花灌木,并且植株应该以均匀的方式排列,确保防眩效果(图 5-21);又如城市滨水区绿地中植物的功能之一,就是能够过滤调节由陆地生态系统流向水域的有机物和无机物。

图 5-21　中央分隔带

(四)经济安全性原则

经济性是通过就地取材,因地制宜,结合自然,不需要耗费很多人工来改造自然,并最终达到“虽由人作,宛自天开”的最高艺术境界。如水景的设置一定要事先考虑其使用后的运营成本和维护费用,避免只注重视觉的形式美,追求高档次、豪华,与自然背道而驰,而不顾工程的投资及日后的管理成本。

安全性是园林设计不容忽视的重要原则,没有安全性,园林设计的功能性和审美性就成为空谈。如景观结构的牢固性能、所用材质的健康环保性能、与人接触的设施部位没有伤害和刺激性能等。

总之,园林设计在考虑以上几个原则的基础上须节约成本、保证安全、方便管理,以最少的投入获得最大的生态效益和社会效益。

(五)创新意识设计原则

创新设计是在满足功能设计基础上,对设计者提出的更高要求。它需要设计者的思维开拓,不拘泥于现有的景观形式,敢于表达自己的设计语言和个性特色,避免“千城一面”“似曾相识”的景观现象。在园林设计中,要强调培养创造性思维方式。创造性思维方式建立的关键是挖掘创造性和个性的表达能力,创造性是艺术思维中的较高思维层次。人们一般的思维方式是习惯于再现性的思维方式,通过记忆中对事物的感受和潜意识的融合唤起对新问题的思考,这是一种有象的再现性思维,因而是顺畅和自然的。而创造性的思维是有象与无象的结合,里面想象占有很大的成分,通过大脑记忆中的感知觉,运用想象和分析进行自觉的创造性表现思维。创造性的思维由于探索性强度高，需要联想、推理和判断要求环环相扣，所以是比较艰苦和困难的思维设计过程。但是成功的园林设计作品，必定是富有创新特色的设计作品。

目前，很多城市的园林设计都是千篇一律的模式，没有鲜明的设计特色和个性语言。如水景设计时应避免盲目的模仿、抄袭和缺乏个性的设计，要体现地区的地方特色，与地方特色相匹配，从文化出发突出地区自身的景观文化特色。所以要使园林设计具有创新内涵，设计者必须具有独特性、灵活性、敏感性、发散性的创新思维，从新方式、新方向、新角度来处理景观的空间、形态、形式、色彩等问题，给人们带来崭新的思考和设计观点，从而使园林设计呈现多元化的创新局面，如美国西雅图奥林匹克雕塑公园。

（六）地域文化保护原则

俞孔坚教授曾指出设计应根植于所在的地方，这句话道出了保护地域文化的重要性。园林场地所在地域的自然与文化遗产，自然发展过程格局与自然和文化特征，都使新的规划与设计留有不可抹去的痕迹，作为设计者要尊重这种文化的烙印，以原生文化为基础，把场地的性质、特征、价值等作为设计规划的前提和主要因素，设计中无论从规划布局、建筑单体、景观环境、细部构造的设计上均要立足于本土文化、因地制宜，以表现地域文化的独特景观魅力，反映不同地域的人文背景为最终目的，园林景观氛围的营造在一定程度上依赖于地域的文化观念。从日本城市园林设计看日本人的城市生活与文化，可以从中深刻地感受到本土文化在生活中形成氛围的自然流露，无论是山村小镇还是都市，园林设计都根植于所在的地域特点，在这样氛围的环境中，让人时刻能感受到地域文化的内涵与外延。尊重自然物质，人与自然良好的相处与共存是日本园林设计的理念。因此，尊重传统文化、乡土知识，尊重当地人对于环境的认识和理解，保留当地人和其所拥有的文化传统，是园林设计保留地域文化的有效方法和手段之一。

例如植物景观在保持和塑造城市风情、文脉和特色方面具有重要作用。园林植物景观设计应考虑当地的文化内涵，用植物表现人文理念。植物景观设计应重视景观资源的继承、保护和利用，以自然生态条件和地带性植被为基础，将民俗风情、传统文化、宗教、历史文物等融合在植物景观中，使植物景观具有明显的地域性和文化性特征，产生可识别性和特色性。另外，园林植物景观设计还要考虑场地的大小、周边环境（建筑物的体量和颜色）、游客的年龄层次等因素。好的园林植物景观设计必须综合考虑各方面的因素，通过植物的合理搭配，既形成合理、稳定、长久的植物群落，又为人们提供四季各异的美丽景观，从而满足人们的精神需求，并改善城区环境和气候，为市民提供一个宜居的家园。

(七)可持续发展原则

可持续研究是近年来为各个学科领域所关注的重大课题,随着城市建设规模的不断扩大和乡村的急剧城市化,人的生存空间环境面临着巨大的挑战。高速的发展在带来了看似空前繁荣的同时也引发了人与环境的一系列矛盾:一是旧的环境景观不断为新的设计潮流所淹没,有些很好的具有历史文脉价值的景观被拆掉或者被整修的不伦不类,新与旧、传统与现代、现实与将来发生着前所未有的激烈碰撞,大量的城市景观和乡村景观与周围的土地和人的关系处于不和谐的状态;二是在环境景观的设计领域中,人们过于注重园林设计的人工性和雕琢性,忽视了景观环境中人与客观自然因素的和谐状态;三是在景观的物质创造过程中,忽略了人类的精神方面的需求,景观表面物质材料的豪华构成并不能满足人们心灵上深层次对审美精神的需求。

园林设计中要尽可能使用再生原料制成的材料,尽可能将场地上的材料循环使用,最大限度地发挥材料的潜力,减少生产、加工、运输材料而消耗的能源,减少施工中的废弃物;尽量保留当地的文化特点,万无一失是不大可能的,这就要求达到可持续的发展模式;防止盲目追求水景设计的视觉效果,忽略了水景的经济性、环保性、舒适性等综合效应,即要做到在设计之初,对水景设计项目做一个经济、生态的可行性评估,并要求具有一定的前瞻性、预见性;设计中还要求小心求证,对未来发展动态进行科学、合理、可行的预测,并为未来的改进工作留有足够的空间和发挥的余地;设计交付使用后,仍需要加强对项目的修改工作,处理好交付使用后的一些具体安排。

(八)艺术性设计原则

艺术性设计原则是园林设计中更高层次的追求,它的加入使景观相对丰富多彩,也体现出了对称与均衡、对比与统一、比例与尺度、节奏与韵律等艺术特征。如抽象的园林小品、雕塑耐人寻味;有特色的铺装令人驻足观望;现代的造园手法和景观材料,塑造既延续历史文脉风貌,又具有高效、有序、便捷、时尚的都市开放空间,同时新材料、新技术的应用,超越传统材料的限制条件,达到只有现代园林设计才能具备的质感、色感、透明度、光影等时代艺术特征。所以,通过艺术设计,可以使功能性设施艺术化。

如园林设计中的休息设施,从功能的角度讲,其作用就在于为人提供休息方便,而从艺术设计的角度,它已不仅仅具有使用功能,通过它的造型、材料等特性赋予艺术形式,从而为景观空间增加文化艺术内涵。再如,不同类型的景观雕塑,抽象的、具象的,人物的(图 5-22、图 5-23)、动物的等都为景观空间增添了艺术细胞。还有完美的植物景观，必须具备科学性与艺术性两方面的高度统一，既满足植物与环境在生态适应上的统一，又要通过艺术构图原理体现出植物个体及群体的形式美，及人们欣赏时所产生的意境美。

图 5-22　德国人物雕塑

图 5-23　巴黎街心公园

植物景观中艺术性的创造是极为细腻复杂的，需要巧妙地利用植物的形体、线条、色彩和质地进行构图，并通过植物的季相变化来创造瑰丽的景观，表现其独特的艺术魅力。这些都是艺术设计观的很好应用，对于现代园林设计师来说，应积极主动地将艺术观念和艺术语言运用到园林设计中去，在园林设计的艺术中发挥它应有的魅力。

第六章 园林艺术设计表现技法研究

园林图纸是表达园林设计的基本语言。在设计过程中，为了更形象地说明设计内容，需要绘制各种具有艺术表现力的图纸。因此，本章首先论述了园林制图的理论知识。不仅如此，本章还介绍这些表现技法的初步基础——工具线条图、水墨和水彩渲染、钢笔徒手画的要领，简单介绍模型制作和计算机辅助园林设计的方法，并分析了园林素材的表现。

第一节 园林制图理论知识

一、绘图的工具

绘图工具可分为笔类和尺类(图 6-1)、图规(图 6-2)。

(一)笔类及其相关用品

绘图的笔类有铅笔、针管笔、碳素墨水、美工笔、彩色铅笔、马克笔、毛笔、扁刷等。铅笔选用绘图铅笔，笔芯圆实、型号准确，墨色足，常用于绘图的有 3H、2H、H、HB、B 型号。画草图用 HB、B，正图用 3H、2H、H。

针管笔是金属状笔管，中间有金属芯引墨水从管中流出，以管的内壁直径为型号，从 0.1～1.2mm 等十几种粗细。

炭素墨水较为流畅。0.1mm、0.2mm 的针管笔较长时间不用应及时清洗，由于这两种笔芯非常细，只宜于在水中整体笔头浸泡，不可将笔芯抽出。

美工笔是钢笔尖折成斜面状的笔，尖头部分画细线，斜面部分着纸可画粗的墨线，这种粗细变化带来了使用上的便利。

彩色铅笔、马克笔可以快捷地表现简单的色彩效果。

各类渲染都需用毛笔，常用的有兰竹笔、大白云、中白云、小白云、衣纹笔、叶筋笔等。此外还有专用水彩画法、水粉画法的平头笔。衣纹笔、叶筋笔用于画细部。

扁刷选用绘画的羊毫刷，在水粉画中画大面积颜色，在绘图中清洁纸面，在裱纸时用来走水，笔头宽度以3～5cm为宜。

此外，与笔类相关的还有橡皮、各种形状空隙的金属片等。橡皮选用绘图橡皮，消除墨迹能力强又不伤及纸面。擦图片为有各种形状空隙的金属片，利用空隙擦去多余的铅笔线而不触及应保留的线条。

(二)尺类

尺类有丁字尺、直尺、三角板、曲线板、云形规、蛇形尺、半圆规、比例尺、界尺、模板等。

丁字尺有60～120cm不同长度的型号。它是由相互垂直的尺头和尺身构成，尺身的上边沿为工作边，带有刻度，要求平直光滑无刻痕，因此切勿用小刀靠在工作边裁纸。丁字尺用完之后要挂起来，以免尺身变形。

直尺有多种规格，40cm左右的较为常用，可以随意地在图面上转动使用。

三角板由两块组成一套，一块为45°×45°×90°，另一块为30°×60°× 90°。常用三角板以30cm左右为宜，也可以配合一套15cm小型号的，用于画局部图面，小型号尺的面积小，能够减少与纸面的摩擦，便于保持图面的整洁。

曲线板是单块的，曲线的类型较为丰富。云形规是成套的，每片的形状较单纯，整套组成丰富的曲线，用来描绘规整的各种弧线与曲线。

蛇形尺是塑料或橡胶制品，中心有金属丝，可随意弯曲，适合描绘长曲线。

半圆规是选取角度的尺规。

常用比例尺为三棱尺，有6种比例——1∶100、1∶200、1∶300、1∶400、1∶500、1∶600，比例尺上标出的米数即为实际的长度。如1∶100即尺上的1cm代表实际长度1m，1∶200即尺上的1cm代表实际长度的2m，依此类推。它们之间还可以换算出更多的比例关系。

表6-1　比例尺尺面换算举例

比例尺	比例尺上读数	代表实物长度(m)	换算比例尺	比例尺上读数(m)	代表实物长度(m)
1∶100	1(m) 实际长度10(mm)	1	1∶1000	1	10
			1∶500	1	5
			1∶200	1	2
1∶500	10(m) 读数实长10(mm)	10	1∶250	10	5
1∶1500	10(m) 读数实长6.6(mm)	10	1∶3000	10	20

“界尺”是源于中国传统山水画“界画”的尺子，尺的一侧有台阶形的尺槽，利用尺槽引导画出直线。在水粉表现图中经常使用，能画出各种宽度的长直线。

模板有正圆与椭圆的模板，有拉丁字母与数字的模板以及不同专业常用符号的模板。正圆与椭圆模板使用较多，可以快捷画出不同直径的圆形与椭圆形。

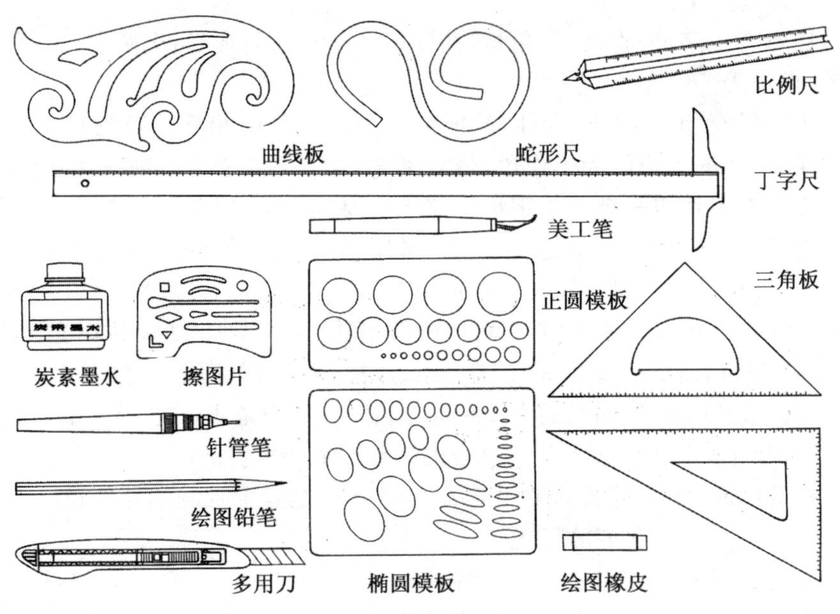

图 6-1　笔类与尺类

(三)圆规

圆规是画正圆弧的工具。常用的有圆规、分规、点划规等。作为主件的圆规用来画圆，分规用来度量线段，点划规专画小圆。圆规的金属针尖固定圆心，用铅笔部分画图，铅芯可修成锥状或片状。圆规的分类及其使用方法见图 6-2。

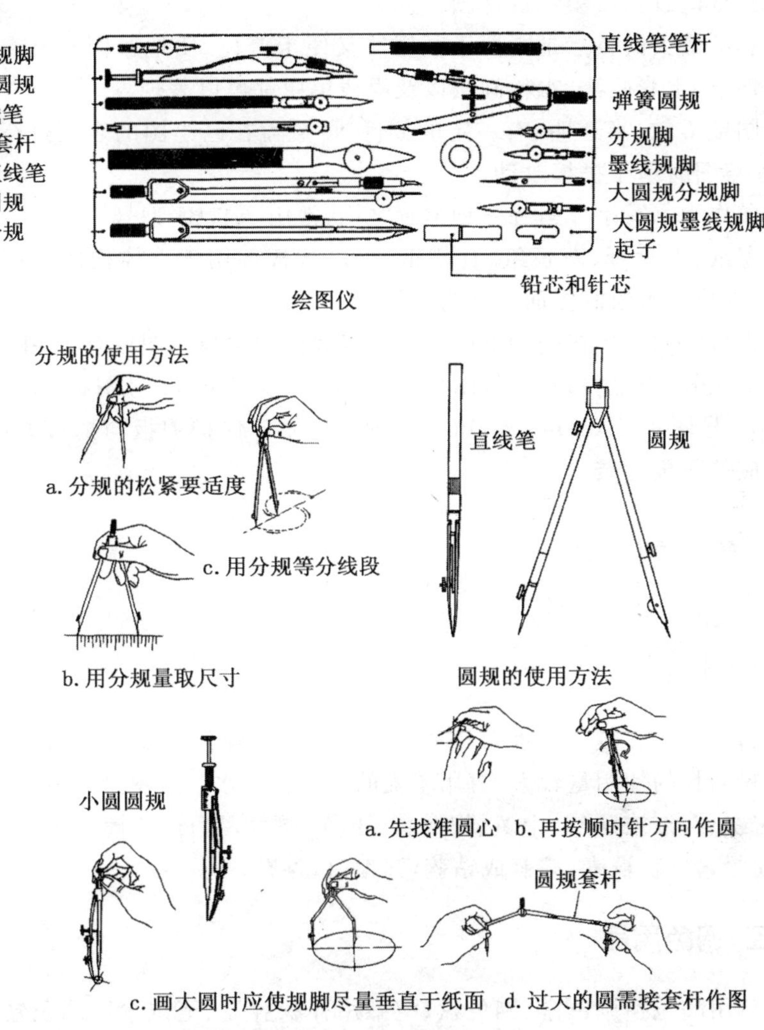

图 6-2　圆规及其使用方法

二、绘图的纸张

绘图的纸张分为图纸和纸板两种。其中图纸又包括绘图纸、水彩纸、草图纸、复印纸、吹塑纸、卡片纸、草板纸、瓦楞纸、夹层纸板。

绘图纸表面光滑、密实，着墨后线条光挺、流畅、美观。由于基本上不具备吸水能力，不易着水彩、水粉色等。通常情况下，绘图纸的两面都可以使用。绘图纸适宜描绘墨线设计图。

水彩纸最大的特点是既便于画墨线又便于着色，质地厚同时又有较强的吸水性能，水彩画法、水粉画法以及墨线黑白都可以表现。

草图纸柔软、半透明、有一定的韧性，可覆盖在已绘图的表面进行勾画摹写，作草图时易于拼接改动。

复印作为书写字体与练习钢笔画之用，常用 A4、B4 型号。

吹塑纸、卡片纸、草板纸、瓦楞纸、夹层纸板多用于立体构成与模型制作，有时卡片纸可绘制图面或作为衬纸。

图板是制图时垫在图纸下面的有一定规格的木板。图板有大、中、小不同型号的区分。常用的有 0 号图板 1 200mm×900mm，1 号图板 900mm×600mm，2 号图板 600mm×450mm 3 种。为便于保护图板与携带方便，可购置相应的图板背袋。

三、绘图的原料

（一）颜料

颜料包括水彩颜料和水粉颜料。水彩颜料的使用量较小，用盒装的即可。水粉颜料的使用量较大，宜用单支的大袋色。水粉颜料常用的颜色有：大红、朱红、深红或曙红，中黄、柠檬黄、土黄、橘黄，赭石、熟褐、青莲，翠绿、草绿、粉绿，普蓝、群青、湖蓝或钴蓝，锌太白、煤黑。

（二）调色用品

调色用品包括调色盒、调色盘、渲染用杯状容器、笔洗等。调色盒用来盛色，水粉表现宜用较大的白调色盘，水彩渲染时使用小杯状容器。笔洗为盛水器物，用来清洗毛笔。

四、绘图的方法

园林制图为了表现出良好的效果，要求在绘图过程中按照一定的步骤去完成，否则易出现失误，损坏绘图效果。常用的制图方法有两种，仪器制图和徒手制图。

（1）利用绘图仪器绘制图纸的过程称为仪器作图。在要求比较严格、对精确度要求较高的时候采用仪器作图。绘制的方法与步骤可以概括为：准备阶段、先底稿、再校对、上墨线、最后复核签字。

(2)不借助绘图仪器，徒手绘制图纸的过程称为徒手作图，所绘制的图纸称为草图。草图是工程技术人员交流、记录设计构思、进行方案创作的主要方式，工程技术人员必须熟练掌握徒手作图的技巧。徒手作图的制图笔可以是铅笔、针管笔、普通钢笔、速写笔等，可以绘制在白纸上，也可以绘制在专用的网格纸上。用不同的工具所绘制的线条的特征和图面效果，但都具有线条图的共同特点。

第二节　园林的表现技法

一、线条图

(一)线条图的涵义与要求

线条图是用尺、规和曲线板等绘图工具绘制的，以线条特征为主的工整图样。绘制线条图应熟悉和掌握各种制图工具的用法、线条的类型、等级、所代表的意义及线条的交接。

线条图要求所作的线条粗细均匀、光滑整洁、边缘挺括、交接清楚。另外，工具线条图上的文字、数字或字母要求工整、美观、清晰、易辨认，同一幅图纸上，其变化的类型不宜过多。

(二)线条图的分类

1.工具线条图

用尺、规和曲线板等绘图工具绘制的，以线条特征为主的工整图样称为工具线条图。工具线条图的绘制是园林设计制图最基本的技能。绘制工具线条图首先由临摹范图开始，在临摹的过程中，应熟悉和掌握作图的过程，制图工具的用法，纸张的性能，线条的类型、等级，所代表的意义及线条的交接。工具线条应粗细均匀、光滑整洁、边缘挺括、交接清楚。

作图时应姿势端正、光线良好、思想集中，尽量减少擦改次数，使线条肯定、明确，保证图面质量。其步骤为：

(1)准确无误地绘制底稿，起稿时常用较硬的铅笔(H～3H)，作图易轻不易重。若直接在描图纸上起稿，则用 2H～5H 的铅笔为宜。

(2)作铅笔工具线条图时应按由浅至深的顺序作图，以免尺面移动时弄脏图面；作墨线工具线条图时应先作细线后作粗线，因为细线容易干，不影响作图进度。

(3)同一等级的直线线条，应从上至下、从左至右依次绘制完毕。

(4)曲线与直线连接时，应先作曲线，后作直线。

2. 徒手线条图

徒手线条图是不借助尺规工具用笔手绘各种线条，“得心应手”地将所需要表达的形象随手勾出。运笔流畅，画直线要笔直；曲线婉转自然；长线贯通；密集平行线密而不乱；描绘形象能准确地勾画在正确的位置上。

学画徒手线条图可从简单的直线练习开始。初学者要想作出流畅与漂亮的徒手线条，就应尽可能地利用每天的闲暇及零碎的时间进行大量练习。只有通过这种所谓的“练手”才能熟练地掌握手中的笔，做到运用自如。

(三)线条图的绘制步骤

为提高工具线条图的制图效率，减少差错，可参考下面的作图步骤：

(1)准确无误地绘制底稿，起稿时常用较硬的铅笔(H～3H)，作图宜轻不宜重。

(2)作铅笔工具线条图时应按由浅至深的顺序作图，以免尺面移动时弄脏图面；作墨线工具线条图时应先作细线后作粗线，因为细线容易干，不影响作图进度。

(3)同一等级的干线线条，应从上至下，从左至右依次绘制完毕。

(4)曲线与直线连接时，应先作曲线，后作直线。

二、水墨渲染图

水墨渲染是用水来调和墨，在图纸上逐层染色，通过墨的浓、淡、深、浅来表现对象的形体、光影和质感。水墨渲染作为无彩色的渲染技法不可能以单色水彩代替。在排除色彩因素的干扰对光照效果分析是十分必要的。

(一)运笔方法

运笔方法渲染的运笔方法大体有三种。

(1)水平运笔法。用大号笔作水平移动，适宜作大片渲染，如天空、地面、大块墙面等。

(2)垂直运笔法。宜作小面积渲染，特别是垂直长条；上下运笔一次的距离不能过长，以避免上墨不均匀，同一排中运笔的长短要大体相等，防止过长的笔道使墨水急骤下淌。

(3)环形运笔法。常用于退晕渲染，环形运笔时笔触能起搅拌作用，使后加的墨水与已涂上的墨水能不断地均匀调和，从而图面有柔和的渐变效果。

(二)渲染方法

(1)平涂法。表现受光均匀的平面。在大面积的底子上均匀地涂布水墨。要使平涂色均匀，首先要把颜料一次调足，要稀稠合适，然后要尽量使用大些的笔(涂大面积可使用板刷)有秩序地涂抹，用力要均匀，使笔笔衔接不留痕迹。

(2)退晕法。表现受光强度不均匀的面或曲面，如天空、地面、水面的远近变化以及屋顶、增面的光影变化；作法可由深到浅或由浅到深。

(3)叠加法。表现需细致、工整刻画的曲面如圆柱；事先将画面按明暗光影分条，用同一浓淡的墨水平涂，分格逐层叠加。

(三)注意事项

水墨渲染中需要注意的事有以下几个方面(图 6-3)。

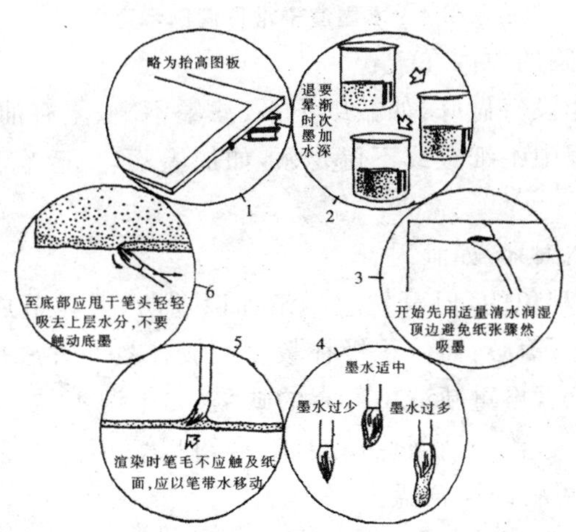

图 6-3　水墨渲染的注意事项

(四)常见病例

水墨渲染过程中常易出现一些缺陷(图 6-4)。

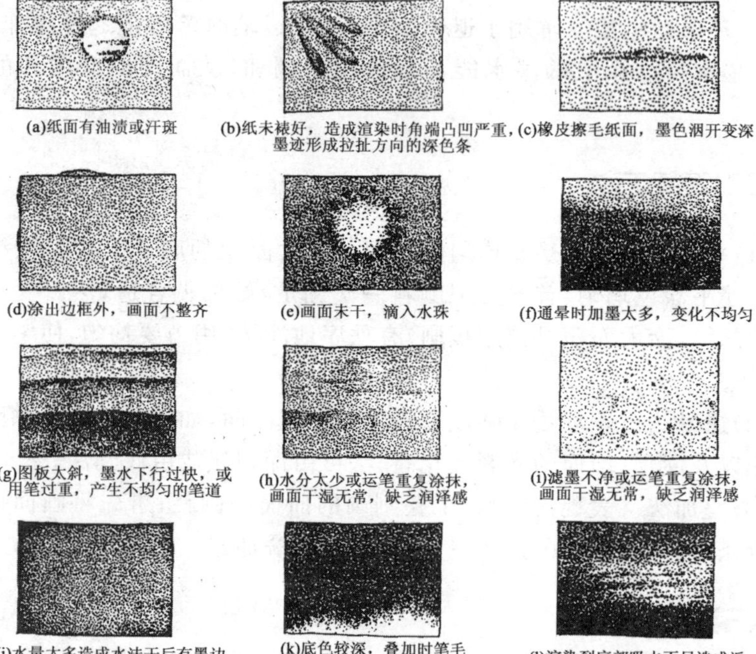

图 6-4　水墨渲染常见病例示意图

产生这些缺陷的原因在于:

(1)辅助工作没有做好,如裱纸不平、滤墨不净、墨有油渍等;

(2)渲染过程中不细致或不得要领,如加墨不匀、运笔不当、水分过多或过少等;

(3)其他偶然因素,如滴墨。

缺陷往往是难免的,但事先应尽量加以预防;一旦造成缺陷,思想情绪上不要失望和丧失信心,而应积极补救。一般补救的方法是待图干了以后,用海绵作局部擦洗,再重新渲染。有的缺陷(如干湿不匀、画出边框等)发生在刚开始渲染不久,整个画面色调较浅,亦可以暂不去管它继续渲染,后加的较深层次往往可将缺陷覆盖。

三、水彩渲染图

以均匀的运笔表现均匀的着色是水彩渲染的基本特征。这种方法特别适合运用在设计图中。没有笔触、均匀而透明的色彩附着在墨线图上，各种精细准确的墨线依然清晰可见，墨线与色彩互相衬托，有相得益彰的效果。此外，水彩渲染可以反复叠加。叠加后的色彩显得沉着，有厚重感，能够表现复杂的色彩层次。

（一）运笔渲染

水彩渲染的运笔和渲染方法基本上同水墨渲染。

1. 运笔

运笔时从左至右一层一层地顺序往下画，每层 2～3cm，运笔轨迹如成螺旋状，能起到搅匀颜色的作用。应减少笔尖与纸面的摩擦，一层画完用笔尖拖到下一层，全部面积画完以后会形成从上而下均匀的干燥过程，没有笔触，光润且均匀。

2. 渲染

（1）平涂。依照运笔方法，整个图面一气呵成。画完最后一层时最上层应仍处于潮湿状态。运笔过程中，只能前进不可后退，发现前面有毛病，则要等该遍全部画完干燥后，再进行洗图处理重新再画。

洗图的办法是先将色块四周用扁刷刷湿，再刷湿色块部分，避免先刷色块形成掉色沾在白纸上。然后再用海绵或毛笔擦洗，用力不可重，不要伤及纸面。洗图只是弥补小的毛病，出现较大的问题时只能重画。

（2）退晕。退晕可以从深到浅、从冷到暖。一般用 3 个小玻璃杯分别调出深、中、浅 3 种颜色。深浅退晕时将浅色部位朝上，然后蘸一笔中色，在浅色杯中搅合后画第二层，再蘸入一笔蓝色画第三层，至中间部位的层次时，浅色杯内已成中色，重复这样的方法将深色蘸入直到底层。

（3）叠加。如果要表现很深的色，必须反复叠加，干一遍画一遍，直到预想的程度。有时要画上 5～10 遍，每一遍画完可用吹风机吹干。

（二）常见病例

（1）间色或复色渲染调色不匀造成花斑；

(2)使用易沉淀颜料时，由于运笔速度不匀或颜料和水不匀而造成沉淀不匀；

(3)颜料搅拌过多发污；

(4)色度到极限发死；

(5)覆盖的一层浅色或清水洗掉了较深的底色；

(6)擦伤了纸面出现毛斑；

(7)使用干结后的颜料颗粒造成麻点；

(8)退晕过程中变化不匀造成突变的台阶；

(9)渲染到底部积水造成了返水；

(10)纸面有油污；

(11)画面未干滴入水点；

(12)工作不细致涂出边界。

四、钢笔徒手画

(一)钢笔徒手画的特征

钢笔画是用同一粗细或略有粗细变化，同样深浅的钢笔线条加以叠加组合，来表现景观及其环境的形体轮廓、空间层次、光影变化和材料质感。钢笔徒手画是不借助尺规等工具用钢笔作画，依靠笔尖的性能画出粗细不同的线条。

钢笔画一般都用黑色墨水，白纸黑线，黑白分明，表现效果强烈而生动。钢笔画用笔有普通钢笔、美工笔、针管笔、蘸水钢笔，有些与钢笔性能相近的硬笔所画出的画也列在钢笔画的范围，如塑料水笔、签字笔、马克笔、鹅毛笔等。

设计图中很多平面与立面的表现要靠钢笔画来完成，钢笔画与在钢笔画基础上着色的淡彩是常用的表现图的画法。此外，钢笔画广泛应用在速写记录形象、搜集资料、勾画草图、完成快题设计等方面，成为从事设计工作不可欠缺的基本技能。

(二)钢笔徒手画的表现方法

1. 白描画法

钢笔画中白描画法秉承了中国绘画的传统，得到了较为广泛的运用。

尤其是与设计方案相关的钢笔画，需要表现严谨的形象，正确的比例、尺度甚至是尺寸，需要交待清楚很多局部、细节，因而更适合白描画法。

白描画法也可以表现空间感，如利用勾线的疏密变化，在形象的转折部位与明暗交接的部位使线条密集；在画面的次要部位适当地省略形成空白；主体形象勾画粗一些的线条，远处的形象勾画细一些的线条等。以这些虚实、强弱的处理产生一种空间感，使画面生动。

2. 明暗画法

明暗画法细腻、层次丰富，光影的变化使形象立体、空间感强，因而具有真情实景的感觉，适合于描绘表现图。

钢笔线条本身不具有明暗和质感表现力，只有通过线条的粗细变化和疏密排列才能获得各种不同的灰色块，表达出形体的体积感和光影感。线条较粗，排列得较密，色块就较深，反之则较浅。深浅之间可采用分格退晕或渐变退晕进行过渡，且不同的线条组合具有不同的质感表现力。表面分块不明显，形体自然的物体宜用过渡自然的渐变退晕；分块较明确的建筑物墙面、构筑物表面通常宜用分格退晕。

3. 白描与明暗的结合画法

有时以白描为主的画法略加明暗处理，能得到兼顾的效果。

此外有大量运用尺规表现建筑造型的钢笔画，这类钢笔画中同样有偏于白描与偏于明暗的区别。

五、模型制作

园林景观模型是按照一定比例将景物缩微而成，是传递、解释、展示设计项目和设计思路的重要工具和载体。它的制作通过以园林组成要素单体的增减、群体的组合以及拼接为手段，来探讨设计方案。模型不只是表现模型的外部造型，同时也充分表现了模型中各种组成要素之间的空间关系，具有直观性、时空性、表现性。此外，模型还具有完善设计构思、表现设计效果、指导施工、降低风险的作用。

第三节　园林素材的表现

一、植物的表现方法

园林植物是构成园林景观的主要素材之一，在园林设计中应用最多也是最重要的造园要素。园林植物的种类很多，不同类型的植物形态各异，其表现方法分为平面和立面两种形式。

（一）植物的平面画法

园林植物的平面图是指园林植物的水平投形图。一般都采用图例概括地表示，其方法为：用圆圈表示树冠的形状和大小，用黑点表示树干的位置及树干粗细。树冠的大小应根据树龄按比例画出，成龄的树冠大小如表 6-2 所示。

表 6-2　成龄树的树冠冠径

单位：m

树种	孤植树	高大乔木	中小乔木	常绿乔木	花灌丛	绿篱
冠径	10～15	5～10	3～7	4～8	1～3	单行宽度：0.5～1.0 双行宽度：1.0～1.5

（二）植物立面画法

1. 树木的立面表示方法

树木的立面表示方法可分为轮廓、分枝、质感等几大类，但有时并不十分严格。

树木的立面表现形式有写实的、图案式的或抽象变形式的三种形式。写实的表现形式较尊重树木的自然形态和枝干结构，冠叶的质感刻画的也较细致，显得较逼真，即使只用小枝表示树木也应力求其自然错综。图案式的表现形式较重视树木的某些特征，如树形、分枝等，并加以概括以突出图案的效果，因此，有时并不需要参照自然树木的形态而可以很大程度地发挥，而且每种画法的线条组织常常都很程式化。抽象变形的表现形式虽然也较程式化，但它加进了大量抽象、扭曲和变形的手法，使画面别具一格。

2. 草坪和地被的立面表示方法

草坪因修割得比较平整，适宜用排列整齐的短线表现。普通草地没有草坪平整，可用略有疏密变化的打点法或短线法表现。地被植物通常低矮，成片成丛生长，适宜用乱线排列或 m 形线条排列法表达。

二、山石的表现方法

平面、立面图中的石块通常只用线条勾勒轮廓，很少采用光线、质感的表现方法，以免失之零乱。用线条勾勒时，轮廓线要粗些，石块面、纹理可用较细较浅的线条稍加勾绘，以体现石块的体积感。不同的石块，其纹理不同，有的浑圆、有的棱角分明，在表现时应采用不同的笔触和线条。剖面上的石块，轮廓线应用剖断线，石块剖面上还可加上斜纹线。

三、地形、道路、水体的表现方法

（一）地形的表示方法

1. 地形的平面表示方法

地形的平面表示主要采用图示和标注的方法。等高线法是地形最基本的图示表示方法，在此基础上可获得地形的其他直观表示法。标注法则主要用来标注地形上某些特殊点的高程，常用于详细竖向设计及施工图设计。

2. 地形剖面图的表示方法

作地形剖面图先根据选定的比例结合地形平面作出地形剖断线，然后绘出地形轮廓线，并加以表现，便可得到较完整的地形剖面图。

（二）园路的表示方法

1. 园路的平面表示法

园林道路平面表示的重点在于道路的线型、路宽、形式及路面式样。根据设计深度的不同,可将园路平面表示法分为两类,即规划设计阶段的园路平面表示法和施工设计阶段的园路平面表示法。

(1)规划设计阶段园路的平面表示以图形表示为主,基本不涉及数据的标注。

(2)施工设计阶段的园路平面表示法。所谓施工设计,简单地讲就是能直接指导施工的设计。

2. 园路的断面表示法

园路的断面表示主要用于施工设计阶段,又可分为纵断面图和横断面图。园路的纵断面图主要表现道路的竖曲线、设计纵坡以及设计标高与原标高的关系等。园路的横断面图主要表现园路各构造层的厚度与材料,通过图例和文字标注两部分表示清楚

(三)水体的表现方法

1. 水体的平面画法

在平面上,水面表示可采用线条法、等深线法、平涂法和添景物法,前三种为直接的水面表示法,最后一种为间接表示法。

(1)线条法。用工具或徒手排列的平行线条表示水面的方法称线条法。

(2)等深线法。在靠近岸线的水面中,依岸线的曲折作二三根曲线,这种类似等高线的闭合曲线称为等深线。通常形状不规则的水面用等深线表示。

(3)平涂法。用水彩或墨水平涂表示水面的方法称平涂法。用水彩平涂时,可将水面渲染成类似等深线的效果。先用淡铅作等深线稿线,等深线之间的间距应比等深线法大些,然后再一层层地渲染,使离岸较远的水面颜色较深。也可以不考虑深浅,均匀涂黑。

(4)添景物法。添景物法是利用与水面有关的一些内容表示水面的一种方法。与水面有关的内容包括一些水生植物(如荷花、睡莲)、水上活动工具(船只、游艇等)、码头和驳岸、露出水面的石块及周围的水纹线、石块落入湖中产生的水圈等。

2. 水体的立面表示法

在立面上,水体可采用线条法、留白法、光影法等表示。

(1)线条法。线条法是用细实线或虚线勾画出水体造型的一种水体立面表示法。线条法在工程计图中使用得最多。

(2)留白法。留白法就是将水体的背景或配景画暗,从而衬托出水体造型的表示手法。留白法常用于表现所处环境复杂的水体,也可用于表现水

体的洁白与光亮。

(3)光影法。用线条和色块(黑色和深蓝色)综合表现出水体的轮廓和阴影的方法叫水体的光影表现法。留白法与光影法主要用于效果图中。

四、园林建筑的表现方法

(一)建筑平面图

建筑平面图是沿建筑物窗台以上部位(没有门窗的建筑过支撑柱部位)经水平剖切后所得的剖面图。建筑平面图除应表明建筑物的平面形状、房间布置以及墙、柱、门、窗、楼梯、台阶、花池等位置外,还应标注必要的尺寸、标高及有关说明。建筑平面图是建筑设计中最基本的图纸,用于表现建筑方案,并为以后设计提供依据。

(二)建筑立面图

建筑立面图是将建筑物的立面向与其平行的投影面投影所得的投影图,它应反映建筑物的外形及主要部位的标高。其中反映主要外貌特征的立面图称为正立面图,其余的立面图相应地称为背立面图、侧立面图;也可按建筑物的朝向命名,如南立面图、北立面图、东立面图和西立面图;有时也按照外墙轴线编号来命名。

立面图能够充分表现出建筑物的外观造型效果,可以用于确定方案,并作为设计和施工的依据。

(三)建筑剖面图

建筑剖面图是假想用一个垂直的剖切平面将建筑物剖切后所获得的剖面图。建筑剖面图用来表示建筑物沿高度方向的内部结构形式和主要部位的标高。剖面图与平面图和立面图配合,可以完整地表达建筑物的设计方案,并为进一步设计和施工提供依据。

(四)建筑透视图

建筑透视图主要表现建筑物及配景的空间透视效果,它能够充分直观地表达设计者的意图,比建筑立面图更直观、更形象,有助于设计方案的确定。园林建筑透视图所表达的内容应以建筑为主,配景为辅。配景应以总平面图的环境为依据,为避免遮挡建筑物,配景可有取舍,建筑透视图的视点一般应选择在游人集中处。

第七章　园林设计步骤与专业素养

本章主要论述两个方面的内容，一是园林设计的程序和步骤；二是园林设计的专业素养。相对全书而言，具有实践和总结的性质。只有理论知识是不够的，还应熟知园林设计的步骤，并且具备园林设计师的专业素养。

第一节　园林设计的程序和步骤

园林设计有以下几种形式：新区的园林设计，即在空白区域进行深入、细致的设计与实施；老城区园林的改造设计，即在保护的基础上更新改造；对已成型园林的增减设计，即小幅度改造，以完善功能的需求。不管哪种形式，设计步骤都分为任务书阶段、基地调研分析阶段、总体方案设计阶段、施工设计阶段、设计实施阶段、设计回访阶段。只是对不同阶段侧重点不一样，程度不同。

一、任务书及基地调研分析

(一)任务书

在这一阶段，设计师拿到任务书后应该认真阅读任务书，充分了解整个设计项目的概况，如委托方的设计意图、工程性质、工程造价和时间期限等内容。这些内容往往是整个设计的根本依据，从中可以确定哪些值得深入细致地调查和分析，哪些只要做一般的了解。

在此阶段很少用到图纸，常用以文字说明为主的文件。

(二)基地调研分析

一般在设计前，设计师应对设计场地进行调研，把每一项都清楚地记录下来。现场踏勘的同时，还可以拍摄一定的环境现状照片，以供进行总体设计时参考。再根据这些调查的资料及实地测量所得的地形资料作全盘性的分析和计划，作为设计的依据和日后施工建造的参照。

在基地调研分析阶段，设计师主要通过徒手勾绘场地调查实物信息图、文字表格等的设计表达方式进行综合分析。

1. 基地调研

设计师在接到设计任务后，充分掌握任务书的具体内容要求，应进行实地踏勘和测量，调研园林设计前必须掌握的第一手原始而又必备的资料。其中有些技术资料如基地现状图（地形图、地下管线图、树木分布位置图等）可以从规划部门查询得到，气象资料可从气象等部门查询得到。还有些查询不到、但又是设计所必需的资料，这就需要通过实地踏勘、测量得到，如基地及环境的视觉形态景象、人流量、车流量等信息。场地调研可能需要几次，如果实地与现状图有不同，以实地踏勘所得数据为主。

现状调查的内容包括：

（1）周边环境如交通状况（人、车流量、方向）、人口数量、文化修养、社会背景、生活习惯、未来发展趋势等；还有视觉质量，如可供观赏的自然景色。

（2）自然环境如气候、日照、温湿度、季风风向、水文、地形地势、动植物、排水情况、土壤（酸碱性、地下水位）、风向风力、地质等方面的资料。

（3）人文历史如文化古迹、历史传统、民居建筑、风土人情等。

（4）基地环境如湖泊、河流、水渠分布状况，各处地形标高、走向等，原有建筑及构造物、道路、广场和各种铺设管线等信息。

2. 资料分析

在掌握了第一手信息资料后，设计师应对这些资料进行分析整理。分析可以暴露出现存问题及潜在影响，进一步发现它们的内在关系，进行要素整合，决定要在场地上进行哪些改动或采取何种措施，以及可以在设计中开发利用的潜力。用图示标出基地的各项特征加以分析，从中找寻应解决的问题和可行的解决方法。对空间的利用分析，应显示出活动和使用频率的关系以及各项功能的体现。

资料分析的内容包括：

（1）自然环境分析（图 7-1），如对地形分析时，主要是对地理位置，用地的形状面积，地表的起伏变化，裸露岩层的分布情况、走向、坡度等特征进行分析。

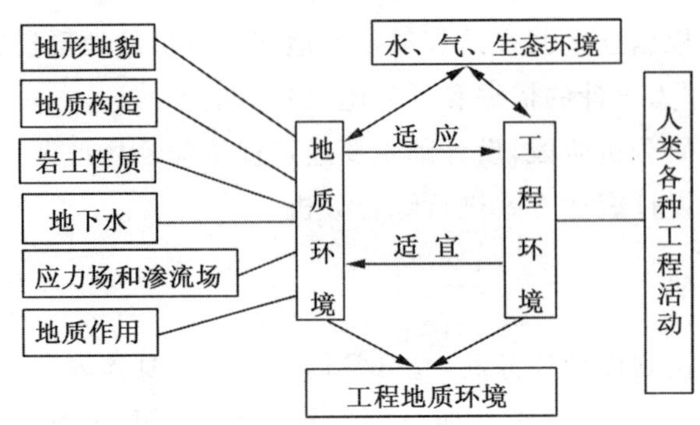

图 7-1　自然环境分析图

(2)人文背景分析，如对社会文化而言，其内涵极其广泛，包含知识、信仰、宗教、艺术、民俗、地域、生活习惯、道德、法律等内容。

3. 绘制分析图

通过现场勘测，将调查的基地资料(植被、水、土壤、气象等)记录到地形图上，然后加以分析，做出能反映基地潜力和限制的分析图。这些图常用线条徒手勾绘，用草图标出基地的具体位置、具体尺寸、地势等基本资料，图面应简洁、醒目、说明问题，图中常用各种标记符号，并配以简要的文字说明和解释。另外，在此阶段可能会产生一些具体的想法，也应记录在基地分析图上。

二、总体方案设计与施工设计

(一)总体方案设计

通过基地调研和分析，设计师更深入了解整个设计项目的现状，对整个基地及周边环境状况有了综合分析，再结合甲方的需求，这时设计师可以将设计项目总体定位作一个构想，并合理定位，提出合理的方案构思和理念。

总体方案设计阶段是园林设计过程中关键性阶段，也是整个设计构思基本成型的阶段。这个阶段的图纸有位置图、现状图、功能分区图、总体设计方案图、地形设计图、道路总体设计图、种植设计图、园林建筑布局图、鸟瞰图、铺装示意图、灯具示意图、环境小品设计示意图、总体设计说明书、项目总概算等。

1. 方案构思

方案构思不是凭空产生的，是对任务书和基地条件综合了解的结果。设计师运用丰富的想象力和灵活开放的思维方式孕育出无数方案发展方向的灵感涂鸦，这些构思与设计背景资料相联系就会产生多个相对可取的方案思路。然后，设计师就要进一步统筹考虑设计主题及社会文化背景、使用功能、审美取向等因素，确定方案基本框架和方向。在构思草案的过程中，根据自己的思维，一旦出现灵感，就快速表达出来，绘出草图；积累一系列的草图，然后比较、分析，提升设计方案。

方案构思阶段可以简单上一点颜色，以验证构思效果。

2. 方案草图

随着设计过程的逐渐展开，其每一步骤将更为清晰化、具体化。方案草图应注重其整体性，不可拘泥于植物种类或硬质园林等细节，而且要随意，不怕犯错误，从而不断地提出新的设计思路。方案草图在很大程度上体现了设计师对环境设计的理解，并且通过对设计风格、空间关系、尺度把握、细部处理、色彩搭配、材料选择等方面的设想，展现了设计师在理性与感性、已知与未知、抽象与具象之间的探究。它包括环境关系的总平面图，表达功能关系的分区图等；同时，也包括设计师灵感突现时勾勒出的无序线条。通过大量的草图逐渐明确设计意图，是设计师分析设计问题、寻求解决方法的途径。

3. 方案设计

在勾勒出方案草图之后，做出用地规划总平面图，各分区细化平面图、立面图、剖面图以及局部透视表现效果图和设计说明等。

方案设计是指在总体构思和方案草图的基础上，进一步深化，进行合理的小品、设施、植物、灯光材质等的配置，如确定平面形状、使用区的位置和大小、建筑和设施的位置、道路基本线型、停车场面积和位置等。它包括确定整体环境和各个局部之间的具体技术做法以及用材，合理解决各技术工种之间的矛盾等。此时可能要有几次修改，设计团队成员之间或与其他设计师、专家开会，集思广益，多渠道、多层次、多次数地听取各方面的建议，使方案更加完善。

方案设计阶段是对设计师专业素质、艺术修养、设计能力的全面考量，所有的设计成果将在这一阶段初步呈现。此阶段会形成以下图纸：

(1)区位图简洁明了地表示出该设计项目在城市区域内的位置。

(2)现状图设计师可以用圆形圈或抽象图框将经分析、整理、归纳后掌握的场地现状资料概括地表示出来。

(3)功能分区图根据总体设计的原则、目标及不同年龄段、不同兴趣爱好人群活动的需要，确定不同的分区，划分不同的空间，使不同空间和区域满足不同的功能要求，并使功能与形式尽可能相统一。功能分区可以用各种形状的泡泡来划分活动区或指明材料，这些泡泡将填充平面图上的所有空间。泡泡大小、位置取决于区域的功能以及连通性和可见性。

(4)总体设计平面图功能分区确定后，要确定各区的具体内容，绘制总体设计平面图。绘制总平面图时应注意准确标明指北针，选用恰当的比例尺、图例等内容。根据总体设计原则、目标，绘制出交通——入口广场、主干道、次干道、步行道、停车场、公交车站、路牌等，活动场地——儿童游戏区、老人活动区、健身区、中心广场等，公共服务——购物区、服务中心、电话亭、垃圾桶、卫生间等。如校园景观设计时，设计师就应充分考虑到以下因素：校园主次要出入口的位置及面积，主要出入口的内外广场、停车场、大门以及校园的地形总体规划，道路系统规划和校园景观建筑物及构筑物等总体布局。

(5)道路总体设计图为了更清楚地表达设计意图，绘制道路总体设计图。主要内容包括在图上确定场地的主要出入口、次要出入口与专用出入；主要广场及主要环路的位置，以及消防通道；确定主、次干道等的位置及各种路面的宽度、排水纵坡；并初步确定主要道路的路面材料、铺装形式等。

(6)园林植物规划图根据总体设计原则、目标，以当地的自然环境及苗木的情况为依据，绘制园林植物规划图。其内容主要包括不同种植类型的安排，如疏密林、树丛、孤植树、花坛、草坪、园界树、园路树、湖岸树、园林种植小品等内容。同时，确定场地的基调树种、骨干造景树种，包括常绿、落叶的乔木、灌木、草花等。

这个阶段是设计具体化的阶段，也是各种技术问题的定案阶段。所以设计师应注重创新思维拓展、案例分析、设计角色的转换、与客户的互动。

4. 设计效果表现图

效果表现图是设计者为更直观地表达园林设计的意图，更直观地表达公园设计中各个景点、景物以及景区的园林形象，可以显示设计构思与其建成后的实际效果之间的相互关系，可以突出设计的“重点”与“亮点”，有助于人们较直观地交流及识别设计意图，判断设计师要表达、传递的信息及设计的最终效果。其表达手段具有多样性，手绘、计算机都可作为表现图的表达媒介。

（1）手绘表现图

手绘表现图是最基本、应用最广泛的方式。它要求设计师具有一定的美术功底，通过运用各种绘画工具，各项绘图技巧，对设计成果进行描述和诠释。但即使是徒手表现图，也要按比例精细刻画，体现设计成果的科学性、系统性和艺术性。

手绘表现图一般通过钢笔画、铅笔画、钢笔淡彩、水彩画、水粉画、中国画或其他绘画形式表现，都有较好效果。

（2）计算机表现图

在平面图的表现时，通常需要计算机辅助完成。目前主要用到的软件有 AutoCAD、CorelDROW 等。

在鸟瞰图及效果图制作时，用到的软件有 sketchup、3ds max、Photoshop 等软件。

其中鸟瞰图制作要点：

①无论采用一点透视、二点透视或多点透视，轴测画都要求鸟瞰图尺度、比例上尽可能准确反映景物的形象。

②鸟瞰图除表现项目本身，又要画出周围环境。如项目周围的道路交通等市政关系；项目周围城市园林；项目周围的山体、水系等。

③鸟瞰图应注意“近大远小、近清楚远模糊、近写实远写意”的透视法原则，以达到鸟瞰图的空间感、层次感、真实感。

④一般情况，除了大型建筑，园林建筑和树木比较，树木不宜太小，而以约 15 至 20 年树龄的高度为画图的依据。

5. 工程总概算

在规划方案阶段，可按面积（hm^2、m^2），根据设计内容、工程复杂程度，结合常规经验匡算；或按工程项目、工程量，分项估算再汇总。

6. 编写设计说明

完整的设计方案除了图纸外，还要求文字说明，全面地介绍设计师的理念、构思、设计原则、要点等内容。具体包括以下几个方面：

①位置、现状、面积；

②工程性质、设计原则；

③功能分区；

④设计主要内容(山体地形、空间围合，湖池、堤岛水系网络，出入口、道路系统、建筑布局、种植规划、园林小品等)；

⑤管线、电讯规划说明；

⑥管理机构。

7. 文本的制作包装

整个方案全都定下来后，图文的包装必不可少。现在，它正越来越受到业主与设计单位的重视。

将规划方案的说明、投资匡(估)算、水电设计的一些主要节点，汇编成文字部分；将规划平面图、功能分区图、绿化种植图、小品设计图，全景透视图、局部景点透视图，汇编成图纸部分。文字部分与图纸部分的结合，就形成一套完整的规划方案文本。

(二)施工设计

通过设计师反复进行方案推敲，完成各部分详细设计，进一步深入优化后，才能着手施工图绘制。图纸要按最终的设计结果给出正确的比例尺寸关系、结构关系、色彩关系、材料选用等关键性要素，通过一系列的平、立、剖和节点图将设计意图明确表达出来。

1. 施工图图纸

(1)施工图图纸基本要求

图纸规范，要符合国家建委规定的绘制标准。

图纸应表明各种园林设计形态的平、立、剖面关系和准确位置，以便作为施工的依据。

图纸要注明图头、图例、指北针、比例尺。图纸中的文字、数字标注要清晰、规范。

(2)施工图图纸内容

在施工之前要作出施工总平面图、竖向设计图、道路广场设计图、种植设计图、水景设计图、园林建筑设计图、管线设计图，以及假山、雕塑、垃圾箱、导示牌等园林小品设计详图等。

①施工总平面图

施工总平面图图纸内容一般要求：用红色线表示保留的现有地下管线，用细线表示建筑物、构筑物、主要现场树木等，用细墨虚线表示设计的地形等高线，用粗墨线外加细线表示水体，用黑线表示园林建筑和构筑物的位置，用中粗黑线表示道路广场及园林小品，放线坐标网，作出的工程序号、透视线等。

②竖向设计图

竖向设计图用以表明各设计因素间的高差关系。比如，山峰、丘陵、盆地、缓坡、平地、河湖驳岸等具体高程，各景区的排水方向、雨水汇集及场地的具体高程等。为满足排水坡度，一般绿地坡度不得小于5%，缓坡在8%至12%，陡坡在12%以上。

③道路设计图

道路设计图主要标明各种道路的具体位置、宽度、纵横坡度、排水方向及道路平、纵曲线设计要素；路面的结构、做法，路牙的安排；道路的交接、交叉口组织、不同等级道路连接、铺装大样、停车场等。

图纸内容一般包括两个方面：

一是在施工总平面图的基础上，用粗细不同的线条画出各种道路的位置；在转弯处，主要道路注明平曲线半径；用黑细箭头表示纵坡坡向等。

二是绘出一段路面的平面大样图，表示路面的尺寸和材料铺设法。在其下面一般作1∶20比例的剖面图，表示路面的宽度及具体材料的构造，每个剖面的编号应与平面对应。另外，还应该作路口交接示意图，用细黑实线画出坐标网，用粗黑实线画路边线，用中粗实线画出路面铺装材料及构造图案。

④种植配置图

种植配置图主要标明树木花草的种植位置、种类、种植方式、种植距离等。内容包括：

第一，在施工总平面图基础上，用设计图例绘出常绿阔叶乔木、落叶阔叶乔木、落叶针叶乔木、常绿针叶乔木、落叶灌木、常绿灌木、整形绿篱、自然形绿篱、花卉、草地等具体位置和种类、数量、种植方式、株行距等如何搭配。

第二，对于重点树群、树丛、花坛及专类园等，可附种植大样图，一般使用1∶100的比例。要将群植和丛植的各种树木位置画准，注明种类数量，用细实线画出坐标网，注明树木间距。并作出立面图，以便施工参考。

⑤水景设计图

水景设计图要标明水体的平面位置、形状、深浅及工程做法，它包括如下内容：

一是依据竖向设计和施工总平面图，画出河、湖、溪、泉等水体及其附属物的平面位置。用细线画出坐标网，按水体形状画出各种水景的驳岸线、汀步、小桥等位置，并分段注明岸边及池底的设计标高。最后用粗线将岸边曲线画成近似折线，作为湖岸的施工线，用粗实线加深山石等。

二是水体平面及高程有变化的地方要画出剖面图。通过这些图表示出水体的驳岸、汀步及岸边的处理关系。

另外，某些水景工程，还有进、泄水口大样图；池底、泵房等工程做法图；水池循环管道平面图。水池管道平面图是在水池平面位置图基础上，用粗线将循环管道走向、位置画出，并注明管径、每段长度，以及潜水泵型号，确定所选管材及防护措施。

⑥园林建筑设计图

园林建筑设计图表现各园林建筑的位置及建筑本身的组合、选用的材料、尺寸、造型、高低、色彩等。

⑦雕塑、导示牌等园林小品设计图

参照施工总平面图画出园林小品平面图、立面图、局部详图，注明高度及要求。

⑧管线设计图

在管线初步设计的基础上，表现出上水（消防、绿化），下水（雨水、污水），暖气，煤气，电力，电讯等各种管网的位置、规格、埋深等。

⑨电气设计图

在电气设计的基础上标明园林用电设备、灯具等的位置及电缆走向等。

2. 施工图预算

在施工设计中要编制预算。它是实行工程总承包的依据，是控制造价、签订合同、拨付工程款项、购买材料的依据，同时也是检查工程进度、分析工程成本的依据。

该预算涵盖了施工图中所有设计项目的工程费用。其中包括：土方地形工程总造价，建筑小品工程总造价，道路、广场工程总造价，绿化工程总造价，水、电安装工程总造价等。

3. 施工设计说明书

说明书的内容是初步设计说明书的进一步深化。说明书应写明设计的依据、设计对象的地理位置及自然条件，园林绿地设计的基本情况，各种园林工程的论证叙述，园林绿地建成后的效果分析等。

三、设计实施与设计回访

(一)设计实施

这是最后设计师与施工人员相配合将设计方案实现的阶段。

在施工过程中，设计师要下工地，到现场全程跟踪指导，解释施工人员随时可能遇到的设计问题，帮助修改、补充、调整相关的设计图纸。设计是关键，施工是保证，一个优秀的园林设计作品必然是设计与施工的完美结合。

(二)设计回访

设计回访也称为工程后评估。在西方发达国家，这项工作取得了明显的成效，并形成了一套较系统、规范的回访运作程序。而我国对设计回访作用的认识还有待进一步提高。

1. 设计回访的内容

(1)施工单位的回访

工程项目交付使用后，在一定的期限，即回访保修期内(例如一年左右的时间)，施工单位组织原项目人员主动对交付使用的竣工工程进行回访。在此过程中，一方面要听取使用者对工程的质量和使用意见，填写质量回访表，报有关技术与生产部门备案处理；另一方面要寻找施工中的薄弱环节，以便总结经验、提高施工技术和质量管理水平。

(2)设计师的回访

对所设计项目的实施使用情况进行一次回访，搜集各方面的使用意见，并通过查看现场，认真记录存在问题，写出回访记录。为后来的同类设计拓宽思路，改进设计思想和方法，这对设计师的设计水平的提高会有很大的帮助和促进。

2. 回访采用的形式

(1)季节性回访大多数是雨季回访屋面、墙面的防水情况，地面的排水情况，植物的生长情况；冬季回访植物材料的防寒措施情况，驳岸工程池壁情况。

(2)技术性回访主要了解在工程施工过程中采用的新材料、新技术、新工艺、新设备等的技术性能和使用后的效果;引进外来品种植物的生长情况等。

(3)保修期满前的回访主要是提醒建设单位对设施的维护、使用和管理情况的注意。

对所有的回访和保修都必须予以记录,并提交书面报告,作为技术资料归档。项目经理部还应不定期听取用户对工程质量的意见。对于某些质量纠纷或问题应尽量协商解决,若无法达成统一意见,则由有关仲裁部门负责仲裁。

第二节　园林设计的专业素养

一、园林设计专业素质

专业素质是指从事某种职业活动掌握和运用专业知识、专业技能的水平言影响和制约专业素质的因素很多,主要包括:受教育程度、实践经验、社会环境等。

园林服务于公众或私人业主,为其提供宜人的生活外部环境,园林是人类精神生活的寄托和载体,因此它不能是纯粹个人情感的表现,不像绘画艺术那样可以“为艺术而艺术”。园林设计师的作品一定要反映公众观念,它需要设计师有崇高的思想道德情操;具有创新的设计能力;具备现代设计的理论基础和适合的设计表达能力。

(一)创新的设计能力

设计在某种意义上讲是一种预知,即将现实中的各个具体和抽象的信息在设计者的意识中,通过“审思默想”的方式进行整合,然后再将头脑中虚拟的整体时空结构“落实”到图纸上。但设计又不能是设计者的人为预设,因为真正的创新设计方案不仅会令用户惊奇,有时也会出乎设计者自己的意料。因此,设计应当是一种创新,是设计者通过对未来事物、对未知事物的体察而获得的感悟。

创新,作为活动主体的人所从事的产生新思想和新事物的活动,其根本特征是变革、进步和超越。对于园林设计人员而言,具有超越或改变既有事物规范的能力,能够突破自己既有的知识技术范畴就可以算是一种创新。创新是园林设计的必由之路,设计师在进行园林设计的过程中,会遇到诸多的问题,如甲方想法太多,拿不定主意,还要提出很多模糊不清的甚至相互矛盾的要求,或受多种条件的限制,或者一味追求他人风格,从而使设计者陷入被动的状态。这样,最终会使设计方案显得平庸、无力、主题不鲜明。要掌握园林设计的主动权,设计师必须要有自己的主见,并结合甲方想法中的合理成分,使设计思维主动优化,努力创新,不断完善设计方案,肯定设计的创意性和设计中的情感诱发,并产生灵感让情感体现与理性发挥达到最佳境界。

随着我国园林业的快速发展,设计师应对已知的设计因素和设计意图进行分析和研究,从视觉效果、整体把握和细节处理等方面进行不断总结。设计师要发挥独创性,运用与众不同的表现角度和表现手法,使园林设计具有创新性,可以从以下几个方面着手。

1. 将创造性思维运用到园林设计中

设计过程中总是要依靠思维的活动,而且这种思维活动非常复杂,它是多种思维方式的整合,可称之为设计思维。设计思维是科学思维的逻辑性和艺术思维的形象性的有机整合,艺术思维在设计思维中具有相对独立和相对重要的位置。设计思维的核心是创造性思维,创造性思维对于一个设计师而言是非常重要的,它贯穿于整个设计的始终,具有主动性、目的性、预见性、求异性、发散性、独创性和灵活性等特征。

创造性思维是形成创造力、产生创造成果的思维形式。根据不同的方式与性质,创造性思维可分为形象思维与概念(抽象)思维、直觉思维与分析思维、发散思维与聚合思维、正向思维与逆向思维等多种不同的方式。就其思维方式、思维结果来说,只要思维对象是新颖的,思维中采用的方式、材料是新颖的,都可以称之为创造性思维。

创造性思维不同于一般的理性思维或逻辑思维方式,而较多地借助于形象思维的形式来进行创造性活动。但形象思维并不是对抽象思维或逻辑思维的否定或对立,而是以形象为主要思维工具的同时,以深层的意识、以理性逻辑为指导而进行的。蜜蜂能构筑六角形蜂巢,但其头脑中并没有形象思维的工具,而园林设计师在构建六角形形体时,则必然有一个建筑的基本概念在起着主导作用,所以形象思维并非排斥理性思维与逻辑思维,而是从感性形象向观念形象或理性形象升华的过程。

用创业园设计构思来展示创新设计思维与概念传达的思考过程。图 7-2 所示的为创业园设计构思图,创业园位于安徽省合肥市西南部合肥政务文化新市区内,是合肥市政务文化新区规划的六个主题公园之一,规划定位其是植物造景为主自然布局的公园。自然式园林赋予什么主题?政务文化新区的高标准、高速度、高质量的建设,凝聚一批有志之士的心血,先后有不同领域近 20 位院士的指导与参与,是新世纪的创业史;因此,命名为创业园。

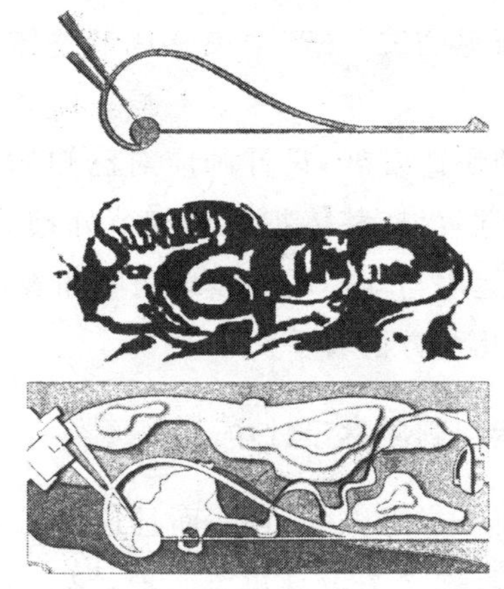

图 7-2 创业园设计构思图

如何体现创业主题?随着社会的发展和城市化的推进,工业化在带给人类快捷方便的同时,也使人类远离大自然,精神压力加大,民族性、地域性大幅度降低,表现人们的怀旧情结(纪念与历史)、运用"天人合一"的思想是现代园林设计内涵的源泉。

在农耕社会,士大夫躬耕林泉,艺园植蔬,常被看作勤劳自律的美德。所谓"朝为田舍郎,暮登天子堂"。《管子·大匡》中写道:"用力不农,不事贤,行此之事者,有罪无赦。"从中可以看出,农业与国家安危、与贤德是紧密相依的,关注农业,在今天仍为国家之基础,是事业的开端。因此,用农耕文化来表现创业主体。

选用农具——犁、牛来表现农耕文化。"善其事,必先利其器",生产工具是生产力的一个重要因素,一定类型的生产工具标志着一定发展水平的生产力。江南农民在长期生产实践中创造出一种轻便的短曲辕犁,又称江东犁,克服了唐以前笨重长直辕犁的回转困难,耕地费力的缺点,表达了江南人创新精神和江南地域特色(图 7-3)。神农氏即炎帝,是中国上古传说中的神话人物"三皇"之一。相传神农"人身牛首",他是农业和医药的发明者。他以木制耒耜(后发展为犁)等农具,传授农业生产技术,播种五谷。周叔均,是始作牛耕,牛在农业生产中起到了重要作用。在现代,勤奋、开拓、奉献的老黄牛的精神是为国家作出贡献人士精神的写照。

图 7-3 农耕演变过程示意图

园内的园路和中心广场为抽象的淮河流域农用的犁;一池三山的总体布局,同广场、"犁"组合在一起,整个园子的构图抽象出一头正在辛勤耕耘的耕牛;起伏的丘陵与坡地是安徽省丘陵地貌的表现,见图 7-2。

因此,在园林设计实践中,设计师通过务实层面的训练,蓄积足够创作素材的同时,借由创意启发的创造性思维,使自己掌握园林设计创意的精髓,将更有助于设计者游刃于园林作品创作中。

2. 用设计的语言表达文化内涵

园林设计的艺术特色是在不经意中自然而然显露出来的,是人们在使用的过程中无意之中体会到的,那些过分强调文化内涵,欲把中外文明史全都汇集于一处的设计,常常会有堆砌繁复令人窒息之感;而没有文化内容的设计又显得空间呆板,缺乏品位。如同一部优秀音乐作品一样,好的园林设计必须有其明确的主题,并且通过特殊的设计语言表现出特定的文化内涵。

园林设计要融合当地文化,掌握它的发展趋势,挖掘蕴藏着丰富的文化特征、城市风貌、历史遗迹,了解当地的气候、民风、民俗、生活习惯和周围环境特点,把握基本的创作风格及思路,运用园林文学,借鉴诗文,创造园林意境;引用传说,加深文化内涵;题名题联,赋予诗情画意。充分利用设计的语言表达文化内涵，达到与当地风土人情、文化氛围相融合的境界。

随着科学技术发展，诸如激光、光纤、不锈钢等新技术、新材料已经在园林规划设计中开始大量使用，这些新的技术的推广和应用给园林设计师在创作上扩展了思路，开拓了创作的空间。

今天的园林应当源于传统，而又有现代的设计新思路，现代的科学技术、建筑艺术、园艺水平及现代生活方式应在园林中充分体现，它们应当是现代社会的产物，也是现代思想文化的一种表现。只有代表一个时代文化精髓的艺术品才具有真正的、持久的魅力，才能真正地流传下去。

3. 掌握和运用园林设计的基本原则与规律

园林设计是一种认知过程，是对园林设计学的原理、法则的具体应用，园林设计师的想象与创意必须借由一系列严谨客观的运作过程，才可能落实为真实的作品，园林设计师只有努力提高自己的素质，才会有创新的力作。园林专业创造力的呈现不仅在于大范围的分区构想、配置计划或设计的细部与材料的运用，它更在于对园林设计基本原则与规律的掌握和运用。正如同 David Best 所言："艺术家的创意观点和想象力，必须能够穿透浪漫的幻觉，才能展露出真实客观的理性概念。"他更进一步提出三点说明：首先，人需要透过想象力才能看清楚真实；其次，人必须高度理解并掌握媒介，才能够自由地表达真实；第三，只有娴熟传统的手法，才有可能发展创意或想象的观点。

以安徽大学新区北教学区植物景观设计实例来表现园林设计师的创意，体现如何应用园林设计学的原理、法则落实到设计作品的过程。新区北教学区以围合式建筑群景观模式为主，四栋主教学楼由连廊贯穿，其间形成相对独立的内庭院空间。庭院内部地势较平坦，无障碍物。

设计者紧扣庭院式建筑的布局形式。将文化意境与功能使用相联系，将教学区内空间按四季分为四个景区：春潮流彩、金莲映日、槭桂溢月、松风飘香（图 7-4）。吸取古典园林庭院植物配置方式的精华，体现不同的空间内涵与场所精神。

春潮流彩——运用春季开花植物呈现出的繁花似锦的蓬勃景象，象征着风华正茂的大学生在知识的海洋中徜徉；金莲映日——微微隆起的地形上盛开的夏日黄花和沿边的洁白花朵预示着大学生蒸蒸日上的学业，相互竞争的景象；槭桂溢月——蕴涵了在霜霞月朗的收获季节，满载着希望与喜悦的学子正在摘取学术桂冠；松风飘香——积蓄着一种迎接挑战的激情和力量。设计者巧妙地将对比与协调、节奏与韵律、象征与联想等艺术形式应用到植物配置设计中，利用植物不同物种、色彩搭配及植物高低组合，形成富于变化的景观构图。

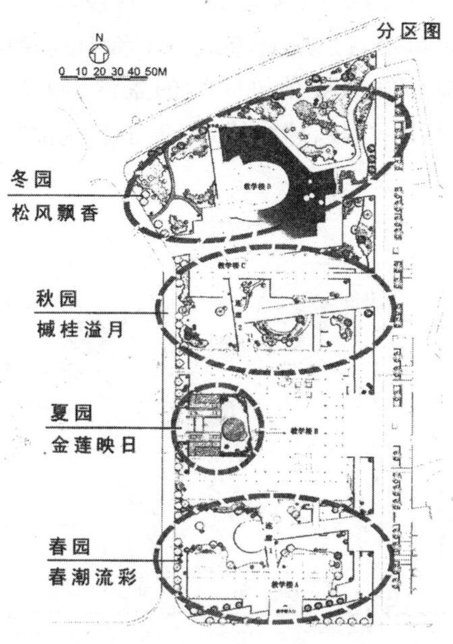

图 7-4　北教学楼植物景观分区图

对比与协调：金莲映日景区中伏起的地形上盛开着夏日黄花的金丝桃，给人以热烈、奔放的感觉，显示了充满活力的青年学子蓬勃向上的景象，周边点缀白色的葱兰花，休闲淡雅，给人留下柔和、纯朴的印象，也柔化了鲜艳的色彩，以去彰显之意。而绿色是植物景观的调和剂，无论形、色等的千差万别，总能起到调和的共性(图 7-5)。

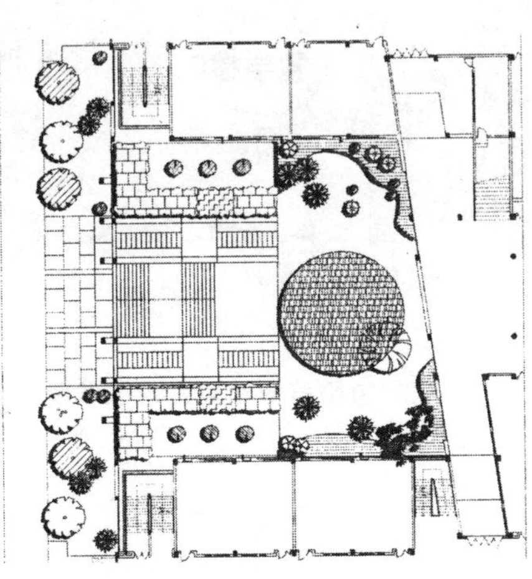

图 7-5　对比与协调

节奏与韵律:春潮流彩景区(图 7-6)中波澜起伏的地被线条形成的植物景观外轮廓呈现了春潮涌动、流光溢彩的景观,与乔木、灌木疏密相间地点缀组合在一起。是植物自然配置方式中节奏与韵律的最好体现。松风飘香景区中植物群落布局好似被劲风吹后的景象(图 7-7),而植物群落构成的富于变化的林冠线(图 7-8)、林缘线,表现了起伏曲折的韵律美。

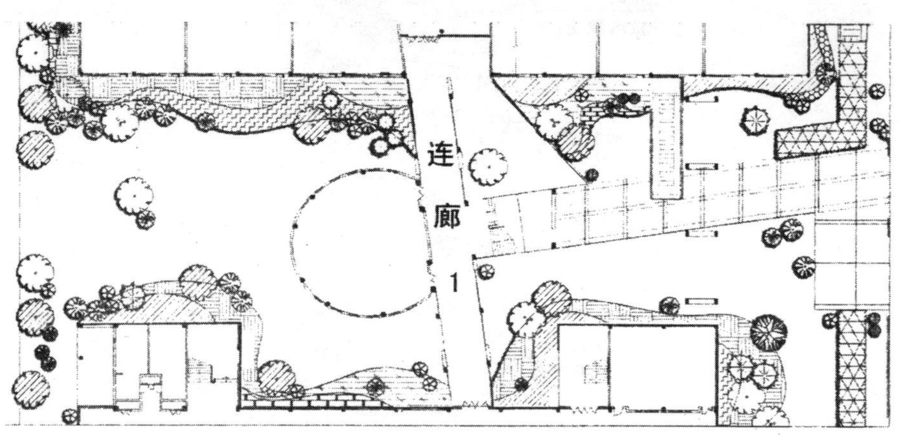

图 7-6 波澜起伏的节奏与韵律

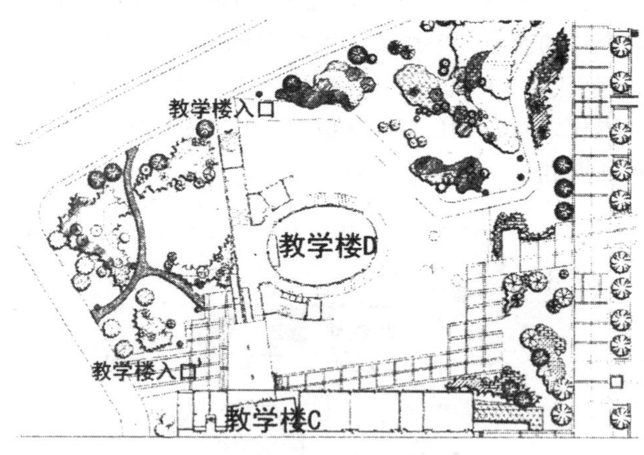

图 7-7 植物群落布局呈现的节奏

图 7-8　植物群落林冠线表现出起伏曲折的韵律

象征与联想：槭桂溢月景区中以乌桕、鸡爪槭、红枫等秋色叶树种为主，艳红秋叶透露出火一样的激情。桂花是月中之树，杜甫有诗道："赏月延秋桂"，故庭院中地被形成的"弯月"上种植芳香袭人的桂花，槭桂溢月的意境油然而生（图 7-9）。

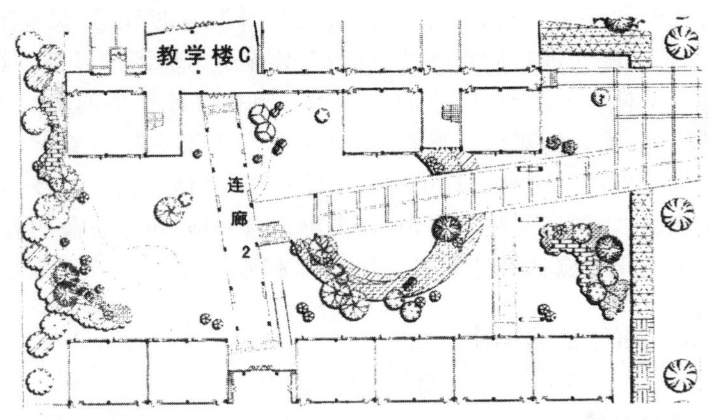

图 7-9　植物配置形成的象征与联想

园林设计作品应给人以高雅、不落俗套的感觉，是园林设计师基于对于设计基本原理、法则恰到好处把握，以及在实践中不断积累经验，不断探索刻意求新，从而掌握规律，总结经验，提高审美水平，开阔视野进行创作的结果。园林设计师只有遵循园林设计的基本原则与规律，高度理解并掌握图示语言，才能充分表达具体的设计思维。对于既有的技术与观念，只有充分知晓，才可能进一步凝聚想象与创意。正如同诗词等文学创作，其格律似乎是镣铐，却也是激发文学家创造高妙技巧的考验，引发诗人内在精力与最高贵的创造，迫使他们出奇制胜的机缘。

4. 情感的积淀可产生出设计的感染力

园林设计的感染力与设计师的情感有着紧密的关系，设计师强烈的创作欲望必将极大地调动起自己的生活和文化素质的积淀。设计师日常各种生活素材的收集，各种文化素养的吸收，各种风土人情的感受，积累到一定程度就会倾注于自己的设计中。空间的大小、色彩的协调与对比、线条的流畅、材料的选择与变化,都蕴含和表达着设计师的情感和创造力。园林设计的形式语言带有设计师的情感和创造力,很容易被人感知并产生共鸣,带来生理、心理、感官的愉悦。设计师的创作欲望愈强烈,情感愈充沛,则其灵感呼之欲出。创新意识所渲染和形成的氛围是园林设计过程中不可缺少的因素。

5.不因时尚影响个性化设计

欧式风格的园林设计曾一度适应了人们当时对时尚的追求,但后来又因其式样呆板,缺乏个性,遭到不少人的怀疑和拒绝。因此,设计师一定要把握住时代的脉搏和民族的个性。园林设计既要有时代感,又要兼有民族性,要以独特的眼光进行创意性的设计,充分显示出崭新的风格。在设计意识上应体现出社会的进步、民族的使命感。园林设计整体的多元化和部分个性化的发展,使人们对设计形态、设计情感产生了更高的要求,促使更新的题材和形式出现。园林设计中反映出的轻松、简洁、独特、浪漫、新奇的趣味性和深沉、朴实得体及超前意识,体现出别具一格,风华正茂的态势,是一种时尚和个性化在园林设计发展变化中的体现。

(二)扎实的理论基础

1.传承和创新并重

园林是创造人与自然和谐境域的学科,不但有着悠久的历史发展进程,而且非常重视传承和创新并举。人类与自然是不可分割的共同体,人类社会需要天人和谐,这正是园林发展的恒动力,从而产生了探求自然、保护自然、利用自然、再现自然和超越自然的社会主动力。正因为这样,哲学与科技先贤创立了审美哲理和山水文化,成为园林发展的科学基础与战略思想;人文与诗画大师确立了师法自然的创作原则,成为园林发展的人文精神;能文善画的造园家和园林设计师,创作了无数的园林作品,成为园林发展的典型范例和遗产宝库,这些也为园林基本理论的形成奠定了坚实的基础。

2.具有长效性和积累性

园林设计师所遵循的基础理论,反映着人类生存、生活、发展的基本需求和基本规律,因而具有长效性和积累性的特征。例如,在人与天、人与人、人工与自然、物质与精神、人的自我开发与完善等山水文化中,充满着唯物辩证思维,在园林的基本任务、功能作用、结构体系、欣赏与评价、创作原理、成败关键等方面的理论及成果，都有着长盛不衰的表现。又如，园林设计师的图画、文史、书法、技艺、体验、调研和整合等基本技能训练方面，也是由浅入深、并趋向熟能生巧的过程，在景观资源、素材、组织、意境、格调、手法、工艺、技术等专业设计能力方面，也是逐步提高，并得以积累。再如，关于游记、园记、图咏、史书、专著、文物等文化遗产，都可以传承并发扬光大。正是由于理论长效、技能渐进、能力提升都是可以积淀的，所以园林从业人员的基本理论具有学无止境的特征。

3. 注重与多学科的融合

园林设计是一门融合艺术与科学的学科，园林设计包含的范围很广泛，相应也和许多学科有密切的关系。随着我国社会的不断发展，对新一代园林工作者所掌握的理论基础也有了更高的要求，作为一名优秀的园林设计师，除了具备相应专业的知识（如有园林设计、城市规划、建筑学、结构与材料）之外，更要不断加深哲学、科学、文化、艺术的素养，因为任何一种健康的审美情趣都是建立在较完整的文化结构之上的。为达到最好的设计应用，它必须涵盖包括建筑、植物、城市规划以及经济学、社会学等知识和设计理论。

4. 把握现代设计基本理论和相关学科的基本知识

园林设计的边缘学科性质决定了园林设计师应该把握现代设计的基本理论和相关学科的基本知识。他不必也不可能是相关学科领域的专门人才，不具备该学科纵向深入研究的能力，但他必须能够运用这些学科的研究成果，并在横向的多学科联系融合中实现其综合价值。园林设计师不是工程师，不是艺术家，也不是市场专家，他存在的意义在于综合工程师、艺术家和市场专家于一身，并且常常在某一特定的时空范围内对他们有着指导和协调的作用。他需要具有“哲学家的思维，史学家的渊博，科学家的严谨，旅行家的阅历，宗教者的虔诚，诗人的情怀”。因此，当代园林设计师应努力学习各种理论知识，深入生活，扩大视野，刻苦磨炼艺术技巧，积极参加园林项目实践，创造出更多、更好、更美的园林艺术作品。

(三)适合的表达能力

1. 园林表现与表现法

园林设计的工作,基本上就是一种环境空间的创造与表现,不论是山林狂野、都市绿地、风景区、邻里公园或社区景园,园林设计师都需要透过语言、文字、图面、模型甚至动画,来传达自己对于“空间表现”的企图。“表现”按照字面上的解释就是表达与呈现,而运用在设计领域上的说法就是设计的沟通与传达。所谓“表现法”,指的就是设计沟通与传达的方法。一般而言,设计表现法的内涵可以区分为广义与狭义两种:广义的解释是泛指所有设计思维与概念传达呈现的方法;而狭隘的说法则是单单针对设计图绘制的方法与技术而言。不论广义或狭义,能够完整地呈现设计构想,并充分传达与沟通设计者的意图,无疑是设计表现的最重要目标之一。

表现法学习的目的不仅是为了掌握设计绘图的技巧与原则,更重要的,设计者必须具备的美感素养,透过直接操作的过程得到潜移默化的提升效果。类似如:线条与形式的排列组合、颜色运用与调色的方法、光线与空间感的掌握等等。园林学习者(即便是已经从业的园林工作者)如果不经过长时间的训练与实践,是不容易参透艺术美感在设计表现上的奥妙的。

2. 园林表现的内容

园林表现的内容可以分为三个部分,即图示思考、景物描绘及工程制图。图示思考属于创造力启发的训练,工程制图与景物描绘属于务实技术层面的训练,而他们相互之间有着相辅相成的融通效果,其中景物描绘根据绘图工具的不同应用方式,一般分为三种类型,手绘效果图、计算机绘制效果图、计算机辅助绘制图。学生可根据自己的情况熟练掌握其一种方式,进行辅助设计。

具体而言,掌握了工程制图与景物描绘,可以轻易地将两度空间的平、立面图转化为三度空间的思考模式,也有助于将脑中的空间意象转绘成平、立面的规范设计图面;并且工程制图的系统性与严谨性有助于图示思考的逻辑安排,并有利于想象力和落实性之间的沟通与协调;而熟练于图示思考和景物描绘,可以轻易利用雅俗共赏的示意简图来进行概念的沟通,特别是面对非专业背景的服务对象时,这种沟通方式格外有效率。灵活性的图示思考能力与严谨的专业绘图技术,对于园林设计的表现而言是十分重要的,这两种能力也都需要相当时间的培养与学习。

园林设计师不但要有图面的表达能力还要积极与所从事实际的工程实

践相融合，工程实践与图面表达是相辅相成的，可以相互促进。

3. 园林设计的具体实践

(1)项目分析技能

园林设计师要想有效地综合各种因素进行成功的设计，那么他首先应具备对基地整体环境、具体设计项目及业主的特殊要求的分析能力。不仅从外观形体、色彩、肌理方面，从功能、结构、构造、材料方面，而且从创造生态环境与降低造价等方面进行综合分析。这种分析贯穿于规划设计的全过程，从选址、土地利用、交通系统、空间布局、环境容量到建设部署，以及自然风貌的利用和文化遗产的保护等多方面内容。

(2)设计基础知识与理论知识运用

设计师在设计构思中需要掌握完备的设计技能，还要运用造型学、植物学、材料学、构造学等基础知识以及设计程序与方法、环境艺术设计史、环境心理学等理论知识。

(3)形态创造与表现技能

设计形态创造应尽量图示化，形态创造中最重要的就是分析环境的机能关系，思考每一种活动之间的关系，空间与空间的区位关系，使各个空间的处理与安排尽量地合理、有效。构思阶段除了借用图示思维法以外，还可以运用集思广益法、形态结构组合研究法、图解法以及公众参与等方法。形态创造细分为几个步骤：理想机能图解、基地关系机能图解、动线系统规划图、造型组合图，最后通过概要设计、设计发展及细部设计而最终表现出来。它需要以下几种表现技能：

一是要有优秀的草图和徒手作画的能力。掌握用绘画的形式正确反映设计构思的方法，熟练掌握不同材质的肌理表现技巧和方法，并对构图、色彩搭配及气氛渲染有整体的把握，为将来园林规划设计打下良好的美术基础。同时，手绘效果图或徒手画表达的方式，更能表现一个设计师的设计思路和设计理念，以及一个设计单位的设计特点和设计风格。

二是要有的制作模型的技术。通过制作精确的、可视的三维模型，加强园林设计师的空间概念，从而提高自身三维思考能力及对园林设计方案的综合分析能力。

三要掌握一定的摄影技术。摄影的目的主要有三点：①收集园林实际项目场地现状资料，为项目分析提供素材；②提高自身的拍摄能力，包括建筑物外观和自然风景的拍摄技巧，以便于今后收集和积累园林图片资料等素材；③提高自身的艺术素质、观察能力和审美能力，培养艺术感悟力，为在今后的工作实践中，能够设计出优秀的园林作品积累一定的艺术财富。

四要掌握计算机辅助设计技术。必须掌握一种矢量绘图软件(如 AutoCAD)、绘图软件(如 Photoshop、Photostyler、Microstation),至少能够使用一种三维造型软件,如 3D studio max、3DStudio VIZ 或高级一些的如 Pro/E、ALIAS、CATIA 等,最好还能使用一种动画制作软件,如 Maya、3DStudio max、Flash 等。使用计算机进行园林辅助绘图相对自由和准确,便于修改,可以绘制出各种各样自由、复杂的形体,进而直观快速的展现出园林设计师的设计意图。在园林设计这一学科中,计算机不仅仅作为一种绘图和表现的工具来辅助园林设计者,它还具有辅助设计构思的作用。

(4)优秀的表达能力及与人交往的技巧

具备写作设计报告与口头表述的技能,善于介绍方案,能与人沟通交流,能站在业主的角度看待问题和理解概念,明晰业主提出问题的实质所在,用通俗的语言解释专业问题,让业主理解设计方案或施工方案的优缺点所在,选择正确的方案。

(5)市场运作技能

对项目从设计到施工的全过程应有足够的了解,熟悉招投标法规,精确安排设计流程,与施工图绘制人员及施工方配合娴熟,关注工程使用后评价与维护管理问题。

二、园林设计专业修养

(一)世界观

世界观是人对世界总体的看法,包括对自身在世界整体中的地位和作用的看法,世界观可以给人们提供思维,给予启发,具有指引方向的作用。正确的世界观能把科学研究引向正确的方向和道路,反之,会使科学研究误人歧途。园林规划设计作为一种对人类的未来行为做出安排的科学活动,正确的世界观会协调各种要素的关系,促进园林的可持续发展;错误的世界观必然会加重各种问题,使园林规划设计陷入危机。因此,世界观不仅决定着园林工作者作品的思想倾向,还影响着他的整个创作活动,是园林工作者的灵魂。

1.自然观

在原始社会,由于技术手段简单,人对自然的影响力还很弱小,一切只能顺从天命,人与自然处于原始水平的协调状态。随着生产力的发展,科技的进步扩展了人类的能力,增强了人类改造自然的能力,人类的观念逐渐由天命论、地理环境决定论，发展到工业文明时期的征服论。征服论认为人是世界的核心，人可以按照自己的需要，设计和改造周围的环境。以园林中的“征服自然”这一社会观念为例，它涉及人与自然的根本关系的哲学问题，因而属于世界观范畴，影响到园林艺术中的各个方面。

在人类社会生产力尚不发达的时期，“征服自然”的观念与人类的生存和发展休戚相关。但是，就园林来看，因古时园主多为帝王和官吏士大夫，当时的园林审美观一方面表现于苑、囿等审美性与功利性紧密结合之中，另一方面则体现为宫廷、官邸园林炫耀权势、炫耀财富，既“视天地万物为一己所有”，屈从并利用“神威”以统治和压迫人民。园林艺术创造主要体现人在“征服自然”中表现出来的聪明才智和统治阶级的审美理想与审美情趣，能工巧匠们的活动也必然不会脱离这一基本模式。“征服自然”这一观念所包含的进步性和历史局限性都是十分明显的。

但是，当人类为各种胜利而欣喜的同时，却发现自己对自然掠夺和破坏的恶果已显露，环境污染、交通拥堵、人口膨胀、资源短缺、生态破坏等一系列问题使人类社会难以为继，自然界通过生物圈的反馈机制，把人类带给地球的灾难不断返还给人类。人们开始感觉到人与自然必须保持和谐一致，并开始探索理想的聚居环境，从“乌托邦”到“田园城市”到“设计结合自然”，都表达了人们回归自然的强烈愿望，在园林规划界引起了热烈的反响。

有限生态环境内的“天人合一”观念逐渐得到承认，园林艺术创造也因此逐步冲破功利主义的禁锢而获得了更多的自由。“征服自然”这一社会审美观念开始暴露出它的落后性，园林艺术开始强调“自然美感”，借助其高度的普遍性孕育着民主性和人道主义，同时又借助其特有的魅力，以各种不同的方式影响甚至直接进入宫廷官邸。到了近代，人道主义和环境保护问题日益尖锐，出现了一批有识之士，他们认识到并大声疾呼“人与自然必须保持和谐一致”。

2. 生态观

如今随着人类社会的不断进步，园林设计师的世界观也在不断变化发展。现代系统观认为，事物的普遍联系和永恒运动是一个总体过程，要全面地把握和控制对象，综合地探索系统中要素、要素与系统、系统与环境、系统与系统的相互作用和变化规律，把握住对象的内、外环境的关系，以便有效地认识和改造对象。这就要求我们要运用系统观的理念进行绿地系统、旅游地规划、区域规划、大地园林规划，应将生物多样性保护作为最重要的设计指标，通过设计，建立一个可持续的、具有丰富物种和生境的园林绿地系统，这是现代和未来园林设计师所要追求的。

生态学对于园林学而言，包含着两种意义：作为一门科学，生态学提供了植物物种的生长与其他种群发生联系的方式，以及生物种群与土壤和气候条件如何相关的解释，并且观察和记录生物演替的可见现象，这直接影响了园林的技术手段和方法。与此同时，生态又作为一种有着丰富内涵的隐喻和价值观念进入到园林学的讨论中，许多园林设计师逐渐接受用生态学的理念解释他们现在所从事职业的某些方面。在今天的园林学中，生态已经成为具有某种独立意味的概念，“生态”的规划设计已经在某种程度上成为具有肯定和积极意义的价值判断。对于园林的生态设计而言，追求在与自然过程的有效结合和适应的基础上对大地及其上的物质、能量和过程进行有意识地塑造从而满足预想的需要或欲望，需要我们对设计途径给环境带来的冲击进行全面的衡量。生态学在我们的专业实践中不再仅仅是一种技术手段，而且成为一种价值取向的标尺，从而使得我们对生态理论和世界观的探讨成为必然。

3. 发展观

传统的发展模式以经济增长为唯一的发展目标，以高消费和高享受为刺激经济增长的手段，以高投入、高消耗的粗放型增长方式为途径，以自然资源的枯竭、环境质量的恶化为代价，以人与自然对立、人定胜天为世界观。其结果是破坏了人与自然的和谐，最终使人类的生存发展陷入了艰难的境地。为了能实现长期的生存的发展，在对传统的发展模式进行审视和批判后，人类终于形成了一种新的发展观——可持续发展。

可持续发展要求人类的经济和社会发展必须控制在资源和环境的承载力范围之内。因此，人类必须约束污染和浪费行为，对可更新资源的使用率应限制在其自我更新率之内；降低不可更新资源的耗竭速度，加快寻求可再生资源作为代用品的速度；限制废弃物排放量不超过环境容量，使自然生态过程保持完整的秩序和良性的循环。

可持续发展的公平性包括两个方面：其一是指代际公平，它要求当代人在追求发展与消费的同时，不应剥夺后代人本应享有的同等的发展和消费权力；其二，是指代内之间的公平，即同一代人之间，一部分人的发展不应损害另一部分的利益。它要求在区域内部和不同区域间实现资源利用和环境保护两者的成本——效益公平负担和分配，追求的是社会、经济和环境的协同发展，而不仅仅把经济指标作为衡量发展的唯一标准。

可持续发展观推崇人与自然和谐、发展与环境相协调的价值观，肯定人在自然中的作用，也要促进生物圈的稳定和繁荣。因此它既要作为园林规划的指导思想，又要成为园林规划的最终目标。

可见,世界观是历史的、变化着的,不管它是进步的还是落后的,都以十分复杂的方式顽强地从各方面影响和制约着园林的发展。面对着社会生活和艺术中许多复杂的现象,在园林实践和园林理论上必然会遇到许多新问题,只有树立辩证唯物主义和历史唯物主义世界观,具有高尚的道德品质和良好的思想作风,才能正确认识世界和处理好园林规划实践中的新问题。

(二)广博的文化知识

今天的社会正在飞速发展,生活的内容日益丰富多彩,园林与各门学科的联系越来越广泛而深刻,各门知识和技艺的"整合化"是不可避免的大趋势,园林学科正面临着一场巨大的变革,这些都要求园林从业人员具有广博的文化知识。

加强哲学和美学修养,对园林从业人员是头等重要的事。哲学和美学除了可为园林学科解决那些基本问题具有指导意义之外,还为园林中与这些基本问题相关的一系列具体问题的解决指明了方向,从而可以帮助我们提高发现美、鉴别美和创造美的能力;园林从业人员还应掌握广泛的科学知识和社会知识,以使自己的创作符合时代的发展和社会需求。只要有广泛的生活情趣,又善于深入观察、细心揣摩,各类社会知识都可以为园林创造提供素材或激发园林设计师的艺术想象力;努力学习和文学、艺术有关的专业知识,对园林工作者进行园林规划设计也大有裨益。通过学习文学可以间接了解和感受各种社会生活、增长见识、提高鉴赏能力、培养高尚情操。许多诗词、散文中还有大量"景语",可以丰富我们的想象力和构思能力,对"诗情画意"在园林景物中的应用,对营造"意境",都有直接的帮助和启示,有助于园林从业人员在专业上达到精深的造诣。

一个优秀的园林工作者应掌握广博的文化知识,力争把一切艺术(特别是它们的情趣、韵味)变成或融入园林,这样才能营造出更好的园林作品。同时,园林强调学科之间的相关渗透与综合,需要园林设计人员博览群书,例如,评价一个园林设计作品,评价者应首先进行园林形式美的评价,这涉及园林美学、建筑学等;在评价作品的社会功能时,涉及生态学、环境学等;要评价设计作品的再现性和表现性,涉及历史学、规划学等;最后要做出总体评价,就必须还要懂得运筹学、心理学和模糊数学等。因此只有引入各门学科的基本理论和方法,博览群书,掌握丰富的文化知识,才能在园林的选址布局、掇山理水、建筑经营、花木配置中有所造诣,才能成为一个合格的园林工作者。

(三)丰富的生活经验

生活经验即人生阅历,生活经验的积累是一切艺术创作的基础,也是园林艺术创作的基础,这是因为任何艺术创作素材都来源于现实生活。对中国园林艺术有过重大影响的古代画论中也有许多这方面的说法,如"万物富于胸中""搜尽奇峰打草稿"等等,讲的实际上都是艺术创作的生活基础问题。园林艺术创作还必须依靠对生活、对普通群众的理解、洞察和奉献精神,了解普通居民对园林的心理需求。

在新时期这个问题尤为突出,因为当前园林规划设计任务中,有很大一部分是与普通居民有直接关系的,如设计新建的公园、街心花园、园林化厂区、住宅小区等。若是今天的园林从业人员不深入生活,不能深切地感受普通人在居住、出行、休憩和娱乐等方面的需求和对环境美的种种新的具体渴望,是无法完成既定的设计任务和目标,自然无法完善和发展园林艺术。

积累丰富生活经验的同时,还要注意不断总结创新。园林设计作品要体现时代精神就不能以模仿为能事,要创造新意以反映新时期的精神面貌。现代园林从古典园林演化至开放式空间、再到现代开放式景观、大地艺术,其内涵与外延都得到了极大的深化与扩展,大至城市设计(如山水园林城市),中到城市广场、大学校园、滨江滨河景观、建筑物前广场,小至中庭、道路绿化、挡土墙设计,无一不以此为起点。如今开放、大众化、公共性已成为现代景观设计的基本特征。

参考文献

[1]王其均.图说中国园林设计.北京:中国水利水电出版社,2007

[2]王其均.中国园林图解词典.北京:机械工业出版社,2007

[3]曹林娣.中国园林艺术概论.北京:中国建筑工业出版社,2009

[4]吕明伟.中国园林.合肥:黄山书社,2011

[5]张浪.中国园林建筑艺术.合肥:安徽科学技术出版社,2012

[6]田永复.中国园林建筑构造设计(第二版).北京:中国建筑工业出版社,2008

[7]陈正勇,杨眉,朱晨.中国建筑园林对西方的影响.北京:人民出版社,2012

[8](明)计成.园冶注释.北京:中国建筑工业出版社,1988

[9](明)文震亨.长物志校注.南京:江苏科学技术出版社,1984

[10]周维权.中国古典园林史(第三版).北京:清华大学出版社,2008

[11]戴碧湘等.艺术概论.北京:文化艺术出版社,1983

[12]曲娟.园林设计.北京:中国轻工业出版社,2012

[13]陆楣.现代风景园林概论.西安:西安交通大学出版社,2007

[14]赵彦杰.园林规划设计.北京:中国农业大学出版社,2007

[15]李开然.园林设计.上海:上海人民美术出版社,2011

[16]曹仁勇,章广明.园林规划设计.北京:中国农业出版社,2010

[17]谷康.园林初步设计.南京:东南大学出版社,2003

[18]王其钧.园林设计.北京:机械工业出版社,2008

[19]谢凝高.山水审美——人与自然的交响曲.北京:北京大学出版社,1990

[20]刘敦桢.苏州古典园林.北京:中国建筑工业出版社,1978

[21]童嵩.江南园林志.北京:中国建筑工业出版社,1984

[22]陈从周.说园.上海:同济大学出版社,1984

[23]石宏义.园林设计初步.北京:中国林业出版社,2006

[24]刘少宗.园林设计.北京:中国建筑工业出版社,2008

[25]唐学山.园林设计.北京:中国林业出版社,1997

[26]刘磊. 园林设计初步. 重庆:重庆大学出版社,2011

[27]赵建民. 园林设计初步. 北京:中国农业出版社,2010

[28]冯钟平. 中国园林建筑. 北京:清华大学出版社,1988

[29]彭一刚. 中国古典园林分析. 北京:中国建筑工业出版社,1986

[30]杜汝俭等. 园林建筑设计. 北京:中国建筑工业出版社,1984

[31]孙筱祥. 园林艺术及园林设计. 北京:中国建筑工业出版社,2011

[32]尹文,顾小玲. 风景园林设计. 上海:上海人民美术出版社,2007

[33](美)贝尔托斯基著. 闫红伟,李俊英,王蕾等译. 园林设计初步. 北京:化学工业出版社,2007

[34]李贞,薛金国,李山. 城市园林设计理论与实践. 北京:中国农业大学出版社,2013

[35]田建林,杨海荣. 园林设计初步. 北京:中国建材工业出版社,2010

[36]陈彦霖,胡文胜. 园林设计. 北京:中国农业出版社,2012

[37]邱冰,张帆. 风景园林设计表现理论与技法. 南京:东南大学出版社,2012

[38]廖建军. 园林景观设计基础. 长沙:湖南大学出版社,2009

[39]丁绍刚. 风景园林概论. 北京:中国建筑工业出版社,2008

[40]赵春仙. 园林设计基础. 北京:中国林业出版社,2006

[41]朱小平. 园林设计. 北京:中国水利水电出版社,2012